图解

定制家具

设计与制作安装

金露　等编著

中国电力出版社
CHINA ELECTRIC POWER PRESS

内 容 提 要

全屋定制家具是家具史上的一次革新。本书采用图文并茂的方式将全屋定制家具的装修施工流程、步骤、制作工具、要点、家居环境验收，以及对定制家具保养进行了全面的讲解，让初学者能够更加轻松地学习家装施工工艺，真正做到活学活用、学以致用。本书适用于正在从事或者希望从事全屋定制家具行业的设计师、销售人员及业主阅读与参考，同时也适用于对装修行业的家具爱好者、创业人员以及相关高校专业课程的教材使用。

图书在版编目（CIP）数据

图解定制家具设计与制作安装 / 金露等编著. —北京：中国电力出版社，2018.10（2021.7 重印）
ISBN 978-7-5198-2262-0

Ⅰ. ①图… Ⅱ. ①金… Ⅲ. ①家具－设计－图解②家具－生产工艺－图解 Ⅳ. ①TS664-64

中国版本图书馆CIP数据核字（2018）第160634号

出版发行：中国电力出版社
地　　址：北京市东城区北京站西街19号（邮政编码100005）
网　　址：http://www.cepp.sgcc.com.cn
责任编辑：乐　苑（010-63412380）
责任校对：黄　蓓　常燕昆
装帧设计：唯佳文化
责任印制：杨晓东

印　　刷：河北鑫彩博图印刷有限公司
版　　次：2018年10月第一版
印　　次：2021年7月北京第三次印刷
开　　本：710毫米×1000毫米　16开本
印　　张：14.25
字　　数：271千字
定　　价：68.00元

前　言 Preface

随着社会的发展，科技的日新月异，消费者越来越注重生活品质的提高，家具在讲究实用的基础上，其艺术价值和审美功能也日益凸显出来。全屋定制家具作为集成家具的升级版，能充分的结合消费者的生活习惯和审美标准，设计出新颖的家具产品。

对现代人来说，家具不仅是一种生活实用品，同时它也代表了一种生活态度，人们常常会说："了解一个人首先看他的居住环境"，而家具是最能从家居大环境中脱颖而出的角色，一进门的玄关柜、餐厅的酒柜、靠墙的电视柜、阳台上的小书桌、卧室的豪华衣帽间等，家具在家庭环境中发挥着重要作用，伴随着人们对人性化家具的需求，符合大众需要的全屋定制家具越来越受到消费者的认可。定制家具既可以合理利用家中的各种空间，又能够和整个家居环境相配合。如整体衣柜定制，可以将衣柜嵌入墙内，配上适宜的推拉门，衣柜就和整个装修风格浑然一体，并且还可以根据主人的个性特别定制，充分体现主人的品位。而全屋定制根据客户的需求、房型的结构特征以及整体风格做出全方位的整合设计，更能充分地发挥设计的想象，让小户型充满大智慧。

本书共8个章节。第1章讲述了全屋定制家具的发展状况以及从业人员的个人要求；第2章介绍了定制家具的设计原则、色彩设计、风格及环保设计，展示出家具特色定制方式。第3章从家具设计师的角度，分析了定制家具行业的沟通技巧、销售模式、制图标准及制图软件；第4章对定制家具主体构造进行了深度剖析，能够让读者全面了解定制家具的构造及优势；第5章主要讲述定制家具的制作工艺、新型存储模式及大规模自动化生产制作设备；第6章主要讲解定制家具的安装流程与验收标准；第7章对家具的维护与保养做了简单的讲解；第8章讲述定制家具日常营销方式及品牌服务。

感谢同事们为此书提供素材、图片等资料。编写中得到以下同事的支持，他们是：代曦、桑永亮、权春艳、吕菲、蒋林、付洁、邓贵艳、陈伟冬、曾令杰、鲍莹、安诗诗、张泽安、祖赫、朱莹、赵媛、张航、张刚、张春鹏、杨超、徐莉、肖萍、吴艳飞、吴方胜、吴程程、唐茜、田蜜、孙莎莎、孙双燕、孙未靖、汤留泉、施艳萍、邱丽莎、秦哲。

编者

目 录

Chapter 5

Chapter 6

Chapter 7

Chapter 8

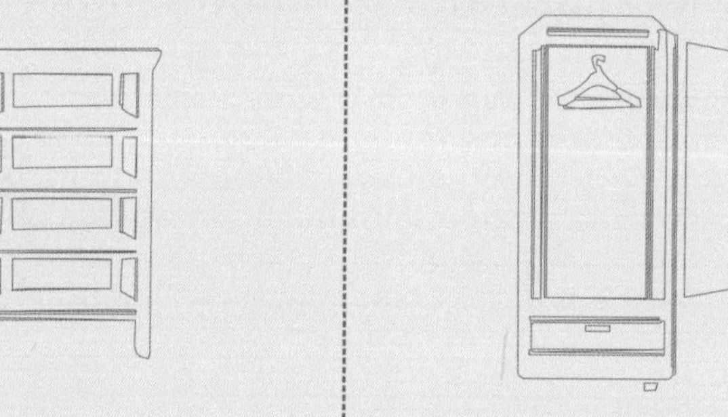
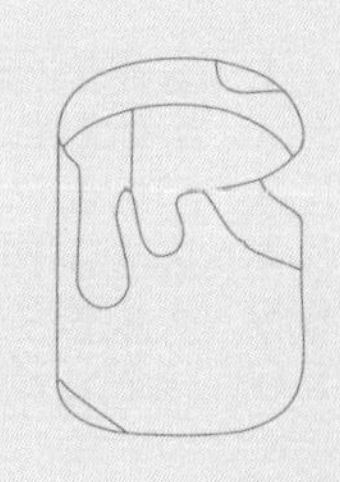
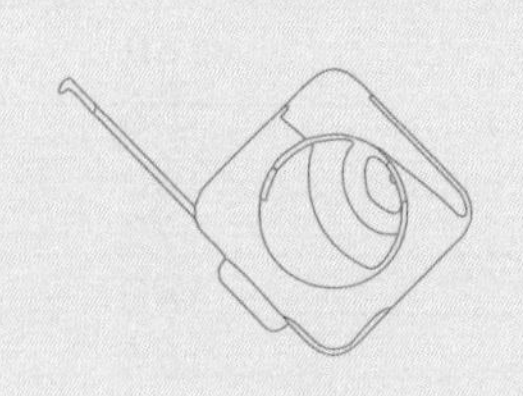
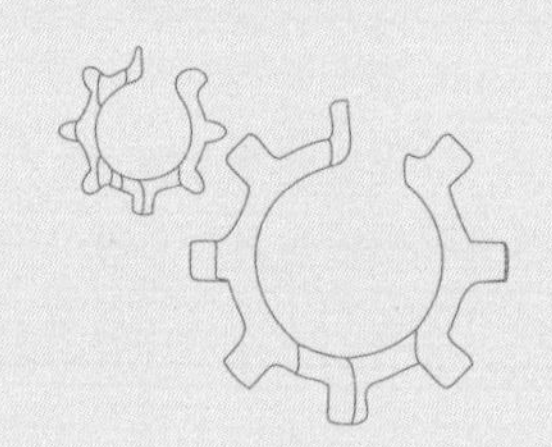
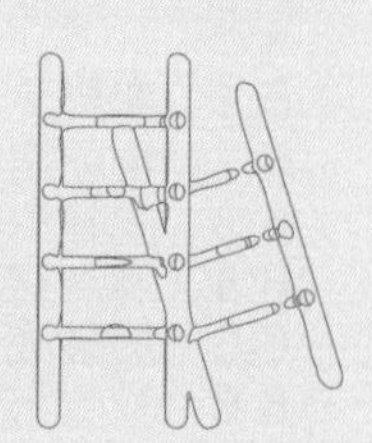

当你收房拿到钥匙的那一刻，你会是一种什么样的心情呢？大多数人都非常激动、开心。但随之而来的，怎么去装修这套房子也是大多数人的烦恼，自己去做装修没时间与精力；自己对装修不懂，全部交给家装公司又不放心；过程中自己对材料不熟悉等。让你对装修焦头烂额，全屋定制家具应运而生。

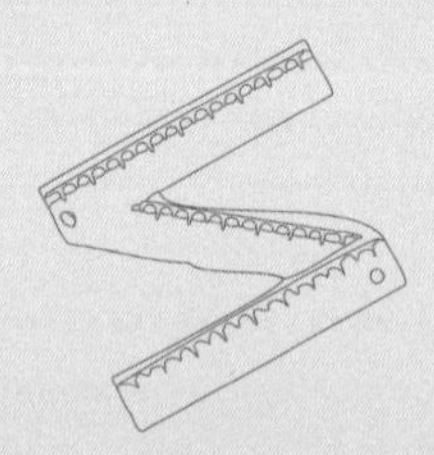

Chapter 1 了解全屋定制家具

识读难度：★★☆☆☆

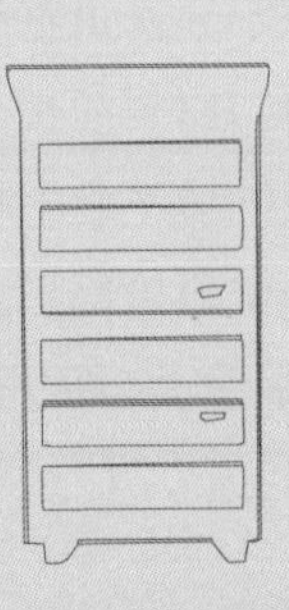
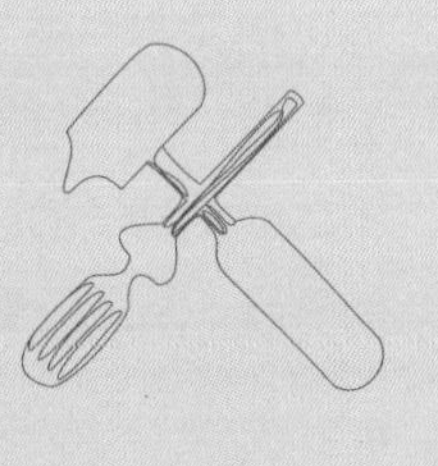

1.1 什么是全屋定制家具

近几年房地产蓬勃发展，各种奇葩户型、装修风格层出不穷，传统的板式成品家具已不能满足居住者的生活需求，在展厅里精美奢华的家具让人无比心动，买回家后却发现与家里的装修风格相差甚远，不是款式与家居整体风格出现冲突，就是尺寸与房屋空间上出现差异。全屋定制家具则为广大消费者提供了具有个性化的家具定制服务，其中包括整体衣柜、整体书柜、酒柜、鞋柜、电视柜、步入式衣帽间、入墙衣柜、整体家具等多种范畴的定制。

有很多人会问："现在大家都在说全屋定制家具，全屋定制家具到底是什么呢？"全屋定制家具顾名思义就是根据消费者的设计要求，对屋子里所有的家具根据房屋的结构及装修风格进行专业一对一家具测量、设计、生产、安装及售后为一体的家具定制服务。当经济步入快速发展阶段，人们的收入水平逐渐提升，人们对家的渴望越来越期待。家里的家具能够反映出主人的性格、喜好以及生活品位。

←一个完整而温馨的家是离不开家具的装饰，家具能装点出丰富的家居空间。

业主拿到了新房钥匙时本来是一件很开心的事情，但是每天都有不少家装销售打电话前来咨询是否需要家装服务，当业主去了几家装修公司后整个人都有点崩溃了。首先，因为自己上班时间是朝九晚五，物业周末不允许进行装修，自己平时没有时间去盯着施工现场，但又害怕施工环节出现材料被掉包，材料质量不过关等问题；其次，对比了几家装饰公司后，价格差异让自己心里没底，贵的装不起，毕竟预算有限，便宜点的又怕材料质量不达标。房子的装修一拖再拖，眼看原材料价格不断上涨，最后，不少业主选择了全屋定制家具，从上门量尺寸到最后安装完毕，在有效时间内全部安装完毕。

↑家具设计师上门进行家具定位、测量，与业主对家具板材进行沟通，确定好家具尺寸及相关数据后开始通知家具厂进行生产。

↑定制家具厂对家具进行拆单、板材切割、磨边、喷漆处理，经过层层严格质量把关，最后将合格产品交付给业主。

如今定制家具的种类越来越多，衣柜、壁柜、橱柜、沙发、书柜等产品，都可以根据消费者的喜好、居室空间的尺寸以及家装整体装饰风格来量身订做，有的厂家甚至还推出了从家具制作到饰品搭配的整体定制服务，满足了人们对家居空间的个性化要求。

全屋定制家具简化了整个装修的流程，一体化的设计让客户不用再东奔西跑的买材料、看装修进度，担心家里环境污染、甲醛超标等问题。在享受到整体性优势的同时，也节约了大量时间。

↑对定制好的板材进行分类组装以及对五金件的加装，将每个屋子里面的家具安装并固定好。

↑这是安装完毕的现场家具图，定制家具在视觉上给人以整齐的感觉，统一的材质避免视觉冲突。

图解小贴士

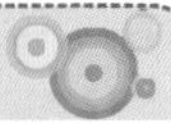

全屋定制家具与传统木工上门做家具的本质区别是全屋定制追求家具与建筑室内完全融合，不留丝毫缝隙或多余空间，可以在装修前定制，也可以在装修后定制，不影响正常装修进度，甚至与装修无关。如果遇到修改水电路与装修构造时，全屋定制家具设计师与施工员都能解决，无须其他专业技术工种上门改造。

1. 定制家具的优势

在传统营销模式中，家具企业往往根据简单的市场调查，跟随家具潮流进行家具研发生产。但这种营销方式生产出来的家具不是尺寸不符合要求，就是款式不能满足客户个人喜好。而全屋定制将空间细分到个人，可根据个人要求设计家具，消费者就是家具的设计者之一。也可根据个人爱好提出一些特定要求，如颜色搭配、个性化设计、不同规格等。能满足不同的个性需求。

↑全屋定制家具根据业主的需求进行家具设计，不同功能的房间采用不同的颜色设计，突出空间的使用性。

↑在材质上可供业主选择的品种多且全面，根据不同的喜好来进行设计，将设计从家庭划分到个人，满足不同的个性需求。

↑家具设计师根据客户的要求进行设计，同时客户也能根据自身喜好提出对家具的色彩、规格等方面的需求。

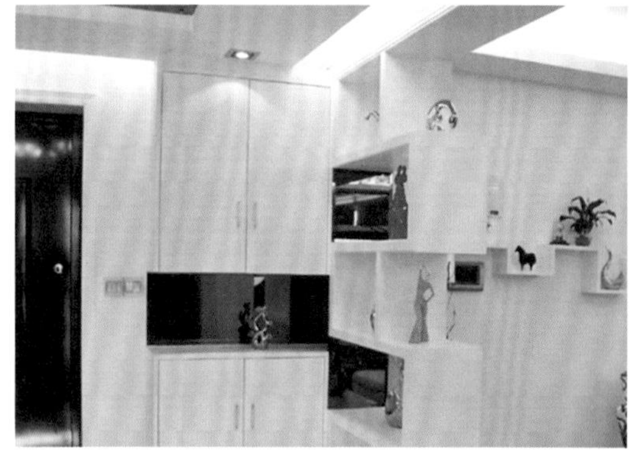

↑在造型上，走在时尚性与前卫性的潮流前端，将时尚元素融合到家具设计中，具有独特的造型设计。

图解小贴士

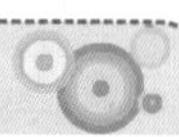

全屋定制家具对从业人员的素质要求很高，要求设计师是名副其实的全案设计师，精通水、电、泥、木、油各项施工、改造、维修的设计。要求施工员熟悉各种装修设备、机具的操作方法，而不是仅仅停留在木工与安装工艺上。

2. 降低营销成本

在传统营销模式下家具企业为了追求利润最大化，通过大规模生产来降低产品成本，一旦市场稍微不测，这种大规模生产的家具由于雷同必然导致滞销或积压，造成资源浪费。而全屋定制是根据消费者订单做生产，几乎没有库存，加速了资金周转，能适应市场经济发展。

家具企业为了占领市场，往往通过广告宣传、建专卖店营业推广等方式来拉动销售，因而成本较高。而全屋定制家具拥有质量可靠、价格合理等特征，口碑好的厂家有自己的销售渠道。厂家可以直接面对消费者，减少了销售环节，也减少了各种开支。

↑传统家具企业通过大批量生产获取利润，但大量的库存会引起资金周转紧张，加上每年不同的潮流变化，后期销售比较困难。

↑全屋定制家具根据客户的订单进行加工处理，没有昂贵的门店租金和大额的广告费用。

↑传统家具缺乏人性化、精细化设计，只符合大众的合理需求，却忽略了业主的内在居住要求。

↑全屋定制家具根据房屋独有的格局进行定制设计，在空间布局、尺寸、色彩上可以做到独一无二的定制服务。

3. 按需求开发产品

在传统营销模式下，很多家具企业只是根据简单的市场调查进行产品开发，设计出来的家具局限性很大，很难满足大众需求。而在全屋定制中，家具设计师有很多机会与消费者面对面沟通，容易知道消费者的要求，进而能开发接近消费者需求的产品。

↑传统家具在布局上难以满足现有空间上的需求，色彩搭配不协调。

↑一些因为喜欢而买来的家具无法与整体风格相协调，却又“弃之可惜”。

↑经过家具设计师布局规划设计的家具，在色彩、空间上刚好满足客户的需求。

↑量身定制的床头书架，更符合客户的个性生活方式。

图解小贴士

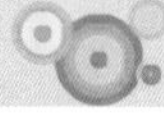

全屋定制的四个方面的特点。第一，能坚持将每一个房间的家具独立制作，从细节上体现出房屋主人个人的设计品位，展示出设计的独特魅力。第二，定制家具在材质、色彩、风格上符合整个房屋的整体主题风格。第三，在选材和制作中环保和健康是首要考虑的，严格做好选材的质量把关，真正的做到绿色环保定制设计。第四，全屋定制作为整体家居的升级版，更加符合消费者的个人风格和生活品位。

1.2 国内定制家具的发展状况

中国早期的家具是由传统手工作坊的木匠来制作家具，也称“定制”家具。定制家具的设计跟传统的成品家具比起来更加复杂，家具设计师并不是简单的将产品设计出来就可以了，他必须考虑功能、艺术和技术三种要素相结合。家具设计三要素决定家具设计进入市场营销后能否得到客户的青睐，为家具设计师带来回报。随着社会的进步与发展，人们对居家环境的要求逐步提升，在讲究实用性的基础上，越来越注重它的审美功能和艺术价值。家具是中国文化的重要组成部分，具有悠久的历史。在其漫长的历史发展过程中创造出了灿烂辉煌的文化，中国家具是中华民族的文化遗产，同时也是全世界共同的财富。

↑传统手工作坊制作家具，利用简单的工具进行切割、组装、打磨、抛光、上漆等手工工艺。

↑现代定制家具讲究设计的功能、艺术与技术的结合，设计出更多人性化的家具。

↑传统家具经过不同历史时期的演变，衍生出每个时期特有的家具艺术风格。

↑伴随着大众需求的不断提升，家具设计越来越注重将实用性与装饰性功能相结合。

1. 手工制造时代

家具，通常指“桌椅板凳”之类的家用品，各个时期不同的生活方式决定了中国家具的发展方向。中国家具起源于夏朝，经历了商周时期青铜文明的洗礼后，逐步出现家具的雏形。宋代是家具普及的时代，在此之前的家具使用者多为达官贵人或名门望族等“上层社会”人士。到了明清时期，中国家具达到了鼎盛时期。明清家具作为中国家具的代表，在当今人们的生活与工作中无论从实用、鉴赏以及收藏上，还是在象征主人的生活品位与地位上仍然有着重要而深远的意义，也将中国家具推向了艺术巅峰。到了清末，家具制造业以实用、经济为主，加工方法为手工操作。改革开放之前，中国家庭用户的家具主要是靠传统的木匠师傅进行手工打制，其家具的质量与精巧程度主要取决于选用的木材质量和木匠师傅个人的工艺水平，手法打造的家具花色较为繁复。

↑以实用为主的家具制作，满足日常生活中的需求。

↑根据不同聚会场合设计制作的桌椅，体现房屋主人的生活品位与地位。

↑明清时期的家具不但富有流畅、隽永的线条美。

↑明清时期的家具给人以含蓄、高雅的意蕴美，成为中国家具鼎盛时期的代表。

2. 成品时代

改革开放之后，中国的工业制造水平不断提高，家具生产也开始进入工业时代，随着成品家具大量涌入市场，一些款式新颖，风格种类多样的家具受到广大消费者的追捧。相对于请木匠进行打制，成品家具要更省时、省力和省钱。而且这些家具在细节的做工上也比较精致，外观更为精美。可以更换移动，商城购买的成品家具如果后期要改变家庭的布置是可以移动换位置的，传统手工打制的家具慢慢地开始淡出市场，购买成品家具逐渐成为主要的家具消费方式。

↑成品家具制作水平比较高，做工也比较精致。消费者可以根据自己想要的风格进行选择。

↑成品家具确实比传统手工打造的家具精美、新颖，但是随之而来的是家具无法与现有的格式合理的摆放。

↑传统手工打造的家具质量好，使用年限长，但是人们对家具的消费观念在逐渐改变，传统家具变得无法满足人们对家具的个性需求。

↑相对于来说传统手工打造的家具，款式更加新颖，风格种类更加多样的成品家具在市场上更受我们大家喜欢。

3. 打制时代

随着市场经济的发展，城镇居民的消费水平不断提高。20世纪90年代之后，人们开始注重家居环境的美化，成品家具已不能满足人们对家具新的需求。人们渴望家具能按照空间进行装修装饰，根据家居空间的大小和布局进行个性化设计。由于成品家具不能满足消费者日益提高的个性化需求，一些没有固定单位的木工师傅开始为消费者上门打制家具。当具有设计装修能力的装修公司出现之后，也开始为消费者提供现场打制家具的服务，其中以卧室的衣柜、衣帽间为主。

↑木工师傅在房子里进行尺寸测量、板材切割、在现场打制衣柜。类似于将小型作坊搬到了室内环境，减少了运输过程。

↑以衣柜为主的打制服务，可以根据家具空间的大小和布局进行个性化设计，使家中的空间得到更好的利用。

与成品家具时代相比较，打制时代的家具更具有自身的优势。打制家具更加耐用，板材与五金件都是由业主自行购买的优质产品。而打制家具是在业主家里进行打造、安装的过程，省去了花钱运输这一环节。打制时代将家具制作的场地搬到了客户的家里，进行现场制作工作，减少了成品家具的包装运输，省去了运输费用，使人们喜爱。

图解小贴士

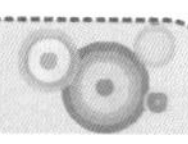

打制家具是根据顾客的居家环境、顾客喜爱的风格进行量身打造。可以合理的利用空间，根据顾客的需要进行房屋的内部合理设计，使得设计更加的人性化，更容易得到客户的认可与好评。在制作工艺上，采用人工与机械相结合、大型电子开料锯、自动封边机的使用等，使生产能力大幅提高，节省了劳动时间和减少了单品的成本。打制家具的材料便宜，但人工费较高，经过计算后可以看出，具有低材料高工费的特征，而且还没有售后服务这一项。定制家具是在厂区做好后运输到客户家中，首先设计要合乎顾客当时的设计理念与方案，否则是无法交付使用；根据顾客的需要设计好之后在工厂进行打造的，是个性化需求与成品家具产品的延伸服务的结合。

4. 定制时代

相对于传统家具和成品家具的局限性，定制家具优越的空间适应性赢得了大多数业主的喜爱，定制家具可以根据房间的大小、格局实行量身定制，产品的花色风格可按照业主的喜好来挑选，一些懂设计风格的业主可以亲自来设计所喜爱的风格，更加人性化。对于一些不规则房型，定制家具有着优良的适应性，除了美观性之外，还令房间多出了储物空间，将空间利用到极致。

←定制家具以自身优势备受广大消费者的青睐。工厂定制家具通常采用优质的环保板材，配合优质的封边工艺，最大化减少污染气体的排放。使得工厂生产的定制家具不会有那么多的污染物。

↑定制家具在面对不规则房型时更能体现出定制的优势。定制家具可根据房子的格局进行设计，合理利用空间，发挥出定制家具独有的魅力，在这一点上，成品家具不能与之媲美。

20世纪80年代末，定制整体橱柜出现。90年代末，定制衣柜出现。进入21世纪之后，随着中国城市化进程的不断深入，消费水平的不断提升，消费者对家具的空间布局、功能性、审美风格等个性化需求也不断提高，环保观念不断普及，成品家具和打制家具开始无法满足消费者的需求。

↑定制整体橱柜的出现，使得厨房告别了传统厨房的油烟与不合理的搭配，统一风格的厨房让整个空间利用率得到了极大提升。

↑定制的衣柜近几年拥有非常火爆的市场，它能最大限度地利用空间，将收纳的作用发挥到极致。

2007年至今，中国定制家具巨大市场前景已充分显现出来，消费者对定制家具行业的接受程度越来越高，全屋定制行业的领导性品牌开始出现，品牌差距也被逐渐拉大。

↑柜体是衣柜的主体构造部分，板材的好坏直接决定了整个衣柜的使用寿命，环保性也是其关注的重点。

↑推拉门给生活带来了极大的便利，固定在轨道上的移动门，褪去了传统平开柜门的厚重感，一般适合面积相对较小的家庭。

5. 全屋定制家具的定制方式

全屋定制家具在生产方式上已不再是单纯的加工制造层面，而是以大规模定制方式为核心，本质是以大规模生产的成本与速度来满足大众化定制市场的需求。这种生产方式与传统的工业化生产方式完全不同。推动了企业设计技术、制造技术、营销技术和管理技术的彻底改变。标准化、模块化、信息化、柔性化是其技术核心。单看制造技术，定制企业要具备自动化制造技术、合理化制造技术和可重构制造系统，以保证其加工能力有足够的延展空间，能同时对足够多不同规格、品种的零件进行高效率的加工。为了降低成本、减少多样性，所配置的软件、硬件都具有很好的重用性，原材料和半成品也要有很好的通用性。

6. 营销方式的转变

全屋定制家具与成品家具的营销方式不同，它的核心是互联网技术的应用，利用虚拟现实技术和电子商务技术进行营销。设计是全屋定制家具中重要的一个营销手段，家具设计师以及设计顾问利用专属的设计软件，根据消费者的喜好、生活习惯、装修风格、居室环境等因素，设计出满足消费者需求的产品，或者由消费者自行设计。但这个产品仅仅是“虚拟产品”，首先消费者需在零售终端店面购买该产品后，其订单数据将汇聚于工厂。其次工厂再把订单按照零部件进行拆分，车间面对零部件进行加工制造，最后将不同的零部件分别发送到客户手中。通常定制家具企业会利用电子商务技术和信息技术，构建专门的电子商务系统平台来带动营销，这样既可以在网络平台上完成订单，也可以通过该平台家具产品的展示与推广，通过提供信息、打折或者服务预订等方式，将线下实体店面的消息推送给互联网用户，吸引他们去实体店面体验成交。

↑店面营销将产品优势集中的展现给消费者，面对面的沟通能更快速的了解客户的想法与需求。

↑线上销售是近几年较火爆的营销手段（相对于传统营销手法）。

1.3 完善的定制家具产业链

近年来中国家具市场一个最大的趋势就是定制家具快速增长，人们对定制家具市场接受度逐年提升，对传统成品家具及活动家具的冲击力越发明显。主要的定制家具企业陆续开展了大家居战略，从原来的入墙收纳柜体（橱柜、衣柜、书柜等）向其他家具品类延伸。整体家装、3D家装设计软件的普及推动家具消费从购买单品家具向基于整体居住空间的成套采购发展。

↑全屋定制家具受到越来越多消费者的喜爱。

↑相比传统的家具，定制家具优势逐渐有魅力。

1. 产品质量参差不齐

全屋定制家具虽然在国内起步较晚，但巨大的市场吸引了众多有前瞻眼光的企业家们纷纷加入，行内竞争变得激烈。在国内第一批开始从事全屋定制家具的企业，如百得胜、玛格、好莱客、索菲亚、卡诺亚、欧派等知名企业如今已占有重要市场。与此同时，市场上尚有众多中小企业萌生。这些中小企业在服务上虽然非常灵活，可以满足消费者的多元化需求、提供更多的服务，但是其产品质量难以保证，致使定制市场呈现产品良莠不齐的状况。例如，有些定制家具企业虽然打出了专业定制的宣传口号，但其公司的实力和设计人员的能力普遍达不到宣传中的水平，产品设计抄袭现象严重，消费者并不能得到真正有设计感的设计；其次，有些企业诚信度较差，实际使用材料与双方合同协定时所选材料不符，以次充好，最后导致定制家具成品材料、色彩不统一，导致整个装修的质量大打折扣，引发消费者维权；另外，有些厂家在产品制造时不注意产品细节，致使产品尺寸偏差较大，在过程中出现失误，严重影响施工进度；还有些中小企业使用质量较差的板材、导轨、铰链等五金件，导致产品使用寿命短、后期维修费用高等。

2. 科学生产与管理

早期一些优秀的定制家具企业对大规模定制、精细化生产、敏捷制造等概念有了足够的了解和认识，基本使用了先进的加工设备和管理软件，将现代网络信息技术与企业有效地接轨与整合，使生产流程更加流畅，生产效率得到较大提高。虽然每个企业在执行层面各不相同，但基本实现了信息一体化的管理体系，这种管理体系集设计、生产、销售、物流以及客户、供应商于一体，使定制家具的设计、生产、营销真正连成一条线。现在大型定制企业的设计与生产由电脑系统控制，这边设计下单完毕，那边即可开始拆单生产，生产效率大大提高，全程基本可实现自动化生产。生产的产品是一个个模块或零部件，再运送到客户家里，由专业的安装工人安装，生产效率大幅高，大大缩短了交货周期。

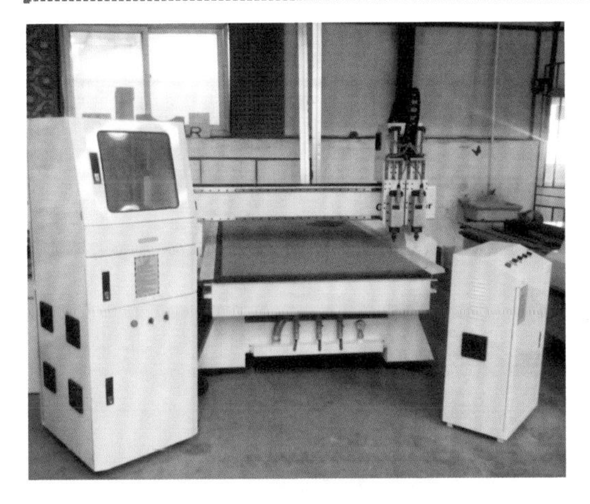

↑自动化机器生产能够有效地减小产品数据上的失误，生产效率得到较大的提升。

↑科学的生产与管理能创造出更好的产品，更容易得到客户的认可。

↑由专业的安装人员上门安装，安装效率大幅提高，效果更加美观。

↑定制家具能够将每个房间的空间合理设计，整体性更加突出。

3. 增强安全意识

全屋定制家具的原材料包括基材、封边条和五金配件等。其中，常用基材有刨花板、纤维板、细木工板、实木板等。与其他板材相比，刨花板的性价比最高，更能为大多数人所接受。同时，温馨、绿色的实木板近两年也受到很多追捧。除了选材外，环保的概念也被延伸到加工过程。

随着大众对环保安全的重视，国家对家具行业相关标准的不断颁布，各大企业也越来越注重无醛材料的研发和使用。绿色安全的禾香板便是其中之一。禾香板是以农作物秸秆碎料为主要原料，施加MDI环保胶及功能性添加剂，经高温高压制作而成，它不仅平整光滑、结构均匀对称、板面坚实，具有尺寸稳定性好、强度高、环保、阻燃和耐候性好等特点。与刨花板比较具有明显优势，可广泛代替木质人造板和天然木材使用。

↑禾香板是中国第一张不释放甲醛的一种新型生态、环保的人造板材，避免了甲醛危害。

↑它是所有板材中甲醛含量最低的基材，经常被使用在老人和小孩房。

↑选择优质的家具板材，减少家具板材对家居生活的环境污染。

↑大面积使用板材空气污染更大，而不释放甲醛的禾香板无疑是最好的选择。

4. 重视设计与研发

与传统家具相比，定制家具企业更懂得以客户为中心，将客户的需求设计作为出发点，更加注重设计的个性和价值的塑造。定制家具企业以精湛的技术、良好的性能、潮流的设计理念给消费者带来流畅舒适的生活环境，从而满足消费者对生活的不同品位和追求。大型定制家具企业非常注重设计研发及其实现的手段，力求对外实现产品的多样化以供消费者选择，对内的简单化产品以提高生产效率、缩短交货周期，尤其在设计效果呈现方面，往往会有较大投入。但由于大量企业涌入定制家具行业，品牌日益增多、竞争日趋严峻，其中部分企业缺乏专业的设计团队，在产品设计上缺乏研发创新能力。

↑传统的家具设计注重产品的展示效果，而忽略了设计的实用性，家居生活的收藏性也是必不可少的因素之一。

↑在定制家具设计中，家具设计师更加注重将设计的实用性与艺术性相结合，创造出具有艺术气息的家具设计。

2016年，全屋定制无疑是家居行业最受瞩目的产业，定制行业依然在延续高速增长的神话。伴随着全屋定制家具的崛起以及行业内优胜劣汰洗牌的加剧，企业如何顺应行业的发展大势，借助工业时代的深度转型和升级。以索菲亚2017上半年年报数据为例，实现营业收入24.87亿元，同比增长42%，净利润接近9亿元，比上年同期增长42.40%……虽然家居行业2017年的景气指数不高，但处在快速上升通道中的定制行业，却在不断演绎高速发展的神话。除了索菲亚，欧派、尚品宅配、卡诺亚、百得胜、顶固等，2017年上半年的业绩都有较大幅度提升。

伴随着个性定制消费的崛起，整个定制行业未来依然有着长足的发展空间。而根据有关研究机构的统计，中国有5亿家庭，每个城市每年有超过6万个新居家庭，平均新居家具消费额为10万元。传统成品家具销量会有所下滑，但定制类消费预计将以每年25%的速度持续增长。

↑常规的定制集成家具能整合室内功能性家具，将家具设计与建筑融合为一体，家具研发企业凭借着强大的设计开发能力能达到与建筑融为一体的视觉效果。

↑更高端的综合型现代整体家居企业是一体化服务供应商，以整体家具为主导，能在集成家具中融合更多特制功能，进行个性化定制设计与生产。

1.4 全屋定制家具从业人员

家具设计是一个科学的艺术创造过程，是设计者运用所掌握的设计科学基本理论和现代设计方法，通过创造性思维和新技术应用，去进行新产品功能、形式、结构开发设计工作的过程。全屋定制家具设计同样遵守以上过程的基本原则，同时要考虑模块化设计和规模化生产。规模化生产条件下的定制家具设计，要求能以低成本快速响应市场的众多特殊需求。模块化设计的目的是提高产品的可利用性和降低效费比，并实现设计标准化和通用性，继而减少产品的生产成本，推进产品的规模化生产。

1. 家具设计师

随着房地产市场的高速发展，国内室内装饰设计行业发展迅速，中国出现了众多的室内设计公司。那么，众多室内装饰设计企业需要吸纳的有才华、有创意的家具设计师也成为了当前首要解决的问题。家具设计师根据室内空间的使用功能、所处环境位置以及客户的设计要求,结合家具制造工艺及美学原理设计出各类具有特色家具产品的专业设计人员。家具设计师一般在装潢公司或者家具公司任职，当然，也有一些原创设计师成立了自己的独立工作室或创立了自己的独立品牌，设计的作品也是经过了市场的检验，并形成了较为完善的家具设计销售渠道。家具设计业属于知识密集型现代服务业，它的发展将带动制造业、装潢业、木材业等众多关联行业的发展，在社会经济发展中起到关键的作用。首先，能促进家具设计业的规范和持续发展。其次，能促进就业。再次，可以增强我国家具设计的国际竞争力，有利于我国家具设计及相关产业在国际市场上占据应有地位。

↑家具设计师是全屋定制家具企业的灵魂设计者，每个家具企业都有自己的家具设计师，不同的家具设计师拥有不同的设计理念和思维方式。

↑一个好的家具产品必然是经过家具设计师不断设计与修改，最终以最完美的状态呈现给消费者。

2. 家具导购

导购从字面上讲，即是引导客户促成购买的过程。客户进入店内往往存有少许疑虑，阻碍着购买行为的实现，而导购则是解除消费者的种种疑虑，帮助客户实现购买。导购是由专业的家具销售人员向客户详细介绍所需要购买家具各方面的内容，目的是让客户了解家具商品是否符合自己的需求，以辅助客户做出决定，实现购买。一般导购需要了解家具的形式、功能、品质、材料、构造等内容，能够熟练的向客户介绍每款家具的性能、材料构成以及它的设计理念等。导购员良好的导购服务可以为公司培养大批忠诚的客户和提高品牌知名度，并且可以培育潜在的市场。

随着科技的发展，各大家居卖场推出VR（虚拟现实技术）看家居。体验者只需戴上VR眼镜，就可以体验“还原真实”的家居设计效果场景。通过真实地感受设计中的家居陈设与色彩风格，消费者判断产品是否与心中所想吻合，是否需要进行调整，进而做出决定。VR技术还能调换到儿童视角，让消费者站在儿童的角度为自己的子女挑选更安全、更合适的家具。

↑家具导购是辅助消费者进行购买活动，在购买环节占据重要地位，帮助顾客消除顾虑。

↑利用VR眼镜进行现场销售是近年的发展趋势，能够更快速的让消费者做出购买决策。

图解小贴士

全屋定制对家具设计师任职要求比较全面。首先，需要有简单的手绘图能力，能熟练操作专业设计软件，能够根据客户的要求进行空间结构的布局及色彩搭配。其次，要有良好的沟通能力，能独立预约客户到公司进行谈单，促成谈单成功，并及时与生产车间主管人员沟通，确保设计图纸的准确性。再次，能够发现并解决安装过程中发生的问题。最后，拥有专科及以上的学历，对家居设计充满热情，有良好的团队合作精神。

↑传统纤维板、刨花板加工成型的家具在不断改进。较薄的PVC板和亚克力板也逐渐引入到现代家具中，具有很好的抗压能力，表面平整，可以用于外露的搁板。

↑除了传统木质材料与成品板材外，现代全屋定制家具还会穿插使用石材与壁纸，特异的书桌造型也通过整体烤漆来制作，达到整体无缝的效果。

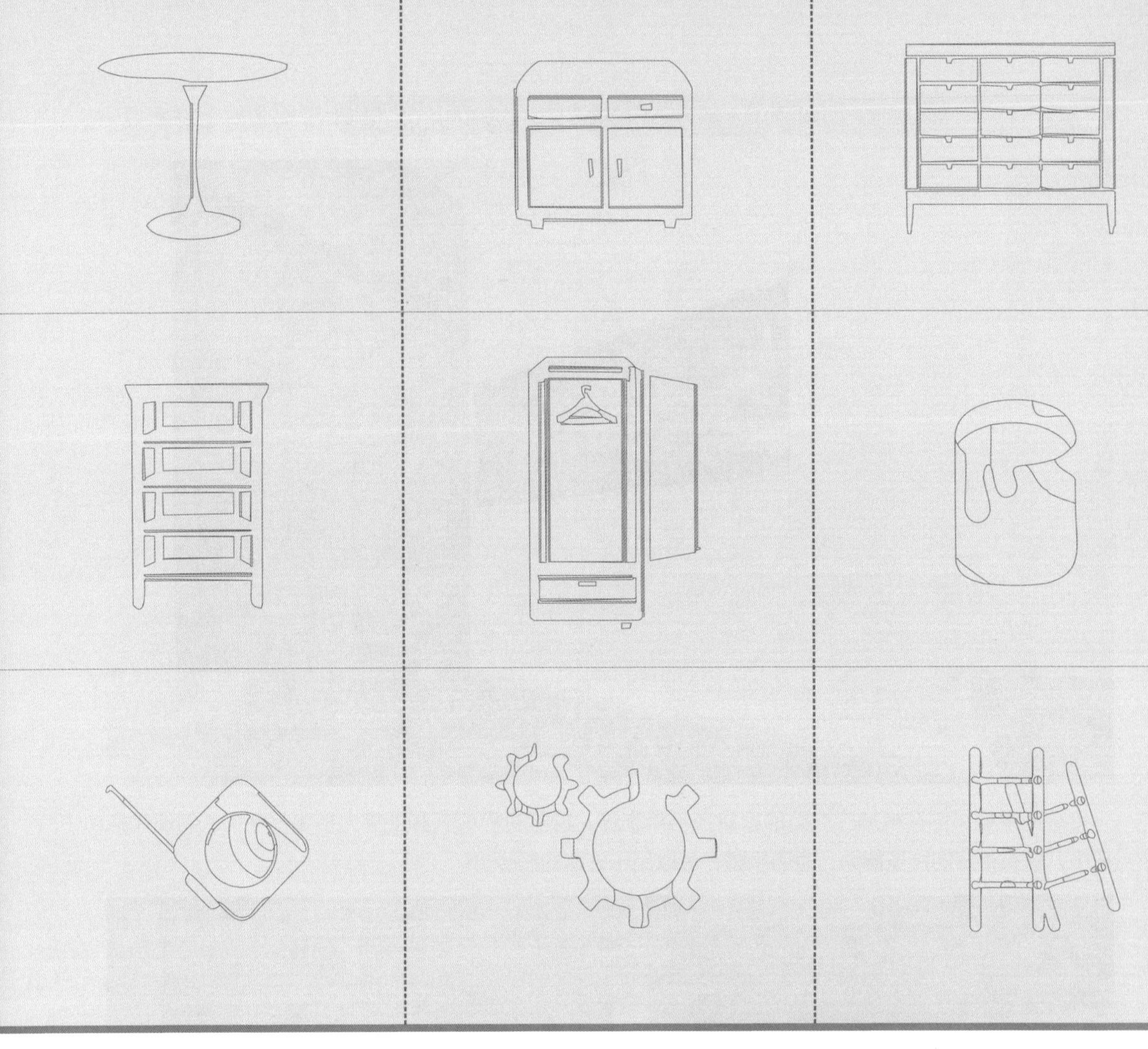

全屋定制家具已逐渐取代传统的家具装修方式，从设计、选材、规格、色彩、功能与环保等方面开始升级，实现家居风格的统一，每一件家具都是经过单独的定制，却都是全屋定制体系的构成部分，在每一个空间都能实现其风格的主题性与个性。

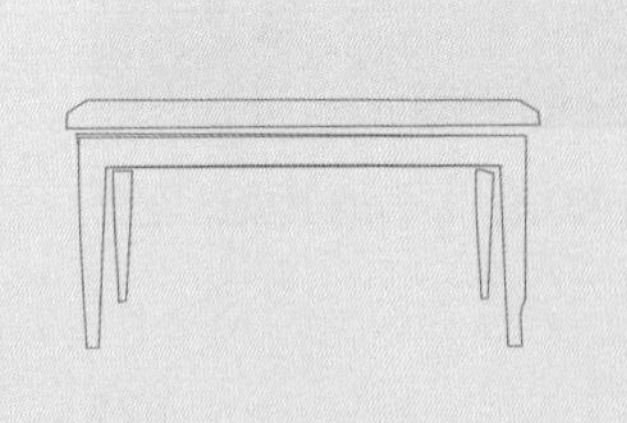

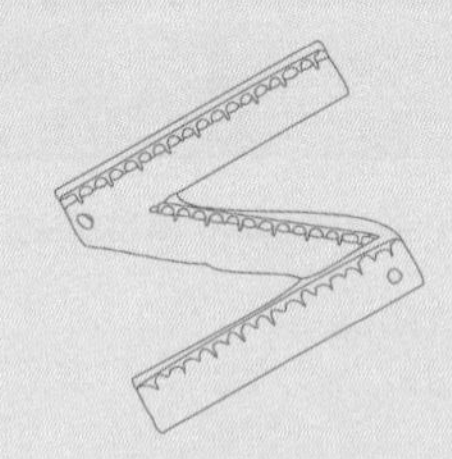

Chapter 2 定制家具设计基础

识读难度：★★★☆☆

2.1 住宅家具设计原则

伴随着全屋定制时代的到来，人们对全屋定制家具的设计要求也越来越高。传统家具的单一使用功能已不能满足消费者的个性需求，家具的功能性受到了极大的考验。一般定制家具设计师会与客户有较多的接触与交流，了解客户的爱好及其家居风格，再上门测量，设计出最合适合理的家具，而定制家具在设计时有一些基本的设计原则。

1. 以人为本原则

在定制家具设计中一直以来都秉持着“以人为本”的原则，“以人为本”要求在设计中把客户的需求作为根本出发点，坚持客户就是上帝的理念，一切以满足客户的需求为根本目标。因为家具首先是为了给人的生活提供使用需求而存在的，家具服务于人，家具能满足人不同空间的不同功能性需求，橱柜是为了存储厨房用具，而衣柜则是用来收纳衣服，不同的家具有不同的功能。因此家具的设计一定要根据人的需求来进行思考设计。

↑橱柜拥有强大的储存功能，能有效的防止厨房操作台面的凌乱性，还厨房一个整洁明亮的环境。

↑衣柜是目前家具环境中储存量最多的家具，能将一年四季的生活用品收纳起来，有序地摆放也能让自己更快速的找到所需物件。

人体工程学是以人为本设计的重要依据所在，成为家具设计中产品数据的重要依据，家具的尺寸设计要满足人们在家居空间中行、坐、卧所需要的最合适、最舒服的尺寸，以此来确定家具的最佳尺寸。现在市场上以小户型住宅居多，那么家具设计师更应该将“小家大收纳”设计发挥到极致，小户型活动的面积、空间本来就小，在多功能家具的设计上就更应该注重多功能家具的设计。满足多功能家具在小户型住宅空间中的利用率，为住户提供一个良好的居住空间。

2. 多功能性原则

定制家具在住宅空间中最大的作用就是合理布局家具空间，满足客户在住宅中所需要的使用功能，以及在住宅空间设计中呈现的艺术效果。传统家具一般是在固定的空间内对固定的家具进行固定设计，从功能上仅仅是满足客户的单一使用需求。多功能性家具是对传统家具的再生设计，在其基础设计上增加其他的设计功能，满足不同客户的潜在需求及完善传统家具的不足之处。在小户型住宅中，由于房屋面积小，在使用功能上无法达到区域的功能划分，同时要使一个区域满足多个功能空间的要求，在使用空间不足的情况下我们要从设计上着手。多功能家具相对传统家具而言，家具功能性将会更加强大。因此功能性对于多功能家具来说是一个必须遵循的设计原则。

榻榻米是近几年家装设计中出现较为频繁的多功能组合设计，不少家具设计师将榻榻米与衣柜、书桌结合在一起。因如今的小户型住宅居多，改良后的榻榻米既合理的划分了房间结构，又节省了空间，实为两全其美的设计。这种设计在儿童房的设计上较为常用，也更受小朋友的喜爱。

↑在小户型住宅的设计当中，榻榻米强大的储物功能与舒适美观性越来越受到人们的认可，越来越多的家庭在儿童房中得到应用。

↑在满足正常的居住需求条件下，家具使用的功能性也是家具设计师需要考虑的问题。这样才能提高家具在小户型住宅空间里的使用效率。

图解小贴士

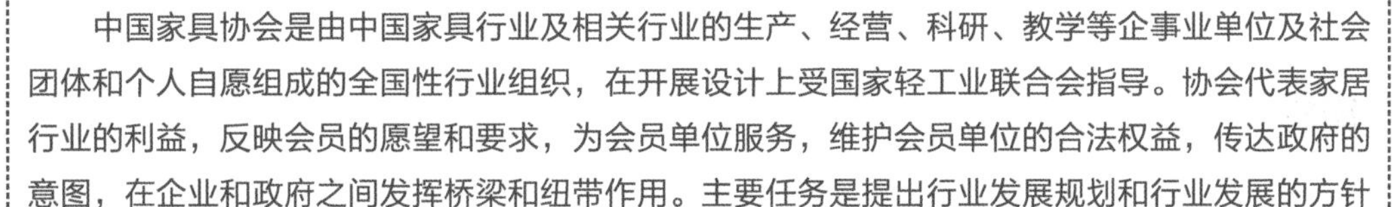

中国家具协会是由中国家具行业及相关行业的生产、经营、科研、教学等企事业单位及社会团体和个人自愿组成的全国性行业组织，在开展设计上受国家轻工业联合会指导。协会代表家居行业的利益，反映会员的愿望和要求，为会员单位服务，维护会员单位的合法权益，传达政府的意图，在企业和政府之间发挥桥梁和纽带作用。主要任务是提出行业发展规划和行业发展的方针政策、监督与管理行业质量、提出及解决行业内问题。

3. 创造性原则

随着时代的进步、科技的高速发展，许多高新材料、高新技术被不断运用于家具设计中，家具设计也在不断地顺应着时代的发展。越来越多的家具在造型上开始提倡小巧、轻薄，运用金属、塑料、复合板等一些新型材料，使家具不那么笨重。

具有创造性的家具通过拆分、折叠、拉伸等不同形式的转变使家具不再只具备一种功能，不再只局限于一种形式，为消费者解决了许多家居空间中的功能问题。在使用多功能家具的过程中，人们会需要对家具进行拆、拉、折等动作来达到其使用目的，因此多功能家具一定要设计得轻巧、灵活、易操作，这样使用起来才会更方便，既省时又省力还能提高使用者的使用效率。

↑具有隐藏带收纳式的折叠餐桌，折叠起来与整体的家具风格相融合，简单却又不失新意，现在已经得到广泛使用。

↑只需将隔板翻转过来就可以作为餐桌来使用，可容纳多人就餐，既不占用公共空间，也能满足日常的生活需要。

4. 实用性原则

家具是为了满足人们一定的物质需求和使用目的而设计与制作的。在产品不断更新迭代的时代，人们越来越注重家具的功能能否满足自己在生活中新的需求。实用性是家具设计原则中最基本的原则，家具设计必须要满足它的直接用途，并满足不同使用者的不同需求。如果家具连使用者的基本功能性需求都无法满足的话，就算造型设计得再美，材料用得再好，也只是华而无实，放在那也只不过是件摆设罢了。特别是多功能家具在小户型住宅中的设计运用，因为小户型住宅面积本身就小，所以家具一定要实用。

图解小贴士

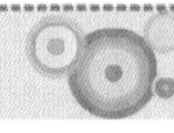

任何设计都包含功能、形式、技术三大要素，但都是以功能至上为主旨，满足使用功能要求是全屋定制家具的本质要求。

5. 安全性原则

安全、健康是人们对家居生活质量的必然要求，每一个住户都希望能有一个优质的家居空间。因此在多功能家具为小户型住宅打造完整家居空间的同时一定要注意家具各方面的安全性，家具是否具备安全性是对家具品质的基本要求。家是人们长期生活的地方，家具是家居环境中不可缺少的物件，由于人和家具将长期处在同一个空间下，因此在家具的材料选取上一定要环保无害，家具材料的质量一定要检测过关，家具材料的受力程度是否合适、家具的结构是否合理以及家具的造型是否有尖锐的棱角都是需要被考虑和注意的问题。家具是给人的生活提供便利，而不是给人的身体健康带来危害和影响的，所以在家具设计中一定要注意其安全性，决不能被忽视。

←儿童房的安全性与环保性一直是人们关注的热点。儿童具有活泼爱动的特性，在家具设计上一定要避免尖角出现，同时房内的家具要固定起来，避免发生安全事故。

6. 标准化原则

标准化设计是指根据国家标准，将产品的材料、尺寸、结构、产品绘图、技术文件进行标准化，使产品的标准化板块增多，简化生产工艺、缩短生产周期、丰富产品组合。模块化设计则是将产品单元模块化，使用标准化的连接件，将已建立的通用模块和专用模块连接成新的产品。模块化家具通过不同的组合方式得到的家具形式也各不相同，达到迅速实现定制家具多样化的目的。标准化与模块化设计原则，有利于定制家具的大规模生产，以达到市场对定制家具更新快、多样化、个性化的需求。

2.2 家具色彩设计

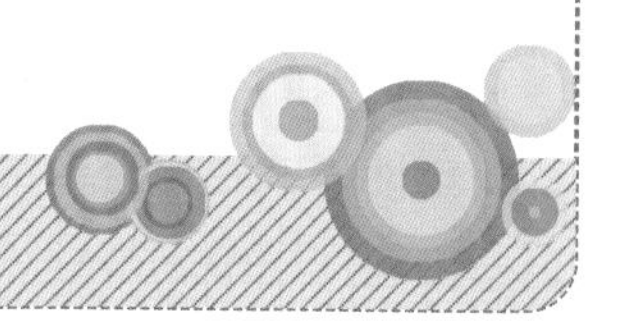

色彩设计是家具设计过程中的重要环节，色彩在家具设计中起着改变或者创造某种格调的作用，会给人带来某种视觉上的差异和艺术上的享受。不同的色彩给人不同的视觉感受，有的色彩让人温暖，有的色彩让人窒息。家具的材质有不同的色彩与质感，给人不一样的感觉，一些家具设计让人十分的喜爱，而有些家具设计让人不想靠近它。

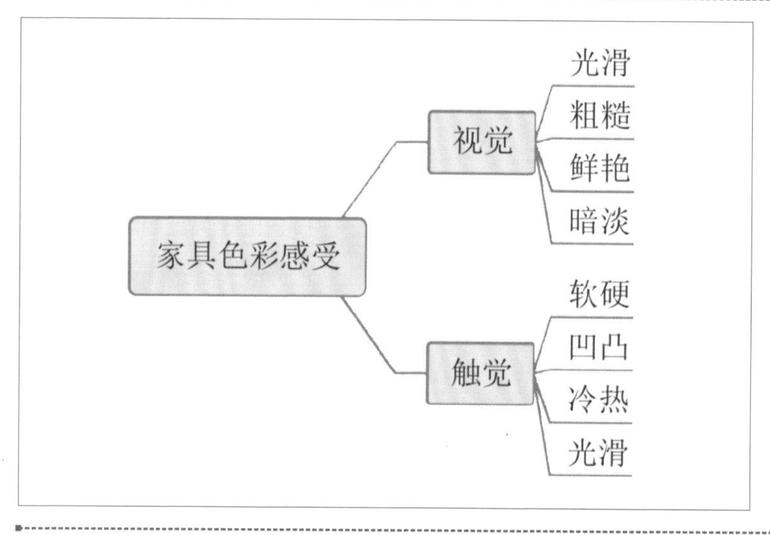

←不同颜色、材质的家具给人不同的视觉、触觉体验，家具的色彩设计是家具设计的重中之重。

家具色彩配置首先需要符合空间构图的需要，充分发挥室内家具色彩对空间的美化作用，正确处理协调与对比、统一与变化、主体与背景的关系。在进行室内色彩设计时，首先要确定好空间色彩的主色调。色彩的主色调在室内气氛中起主导、陪衬、烘托的作用。形成室内色彩主色调的因素很多，主要有室内色彩的明度、纯度和对比度，其次要处理好统一与变化的关系，要求在统一的基础上求变化，这样，容易取得良好的效果。

为了使得室内家具风格统一又富有变化的效果，大面积的色块不宜采用过分鲜艳的色彩，小面积的色块可适当提高色彩的明度和纯度。此外，室内色彩设计要体现稳定感、韵律感和节奏感。为了达到空间色彩的稳定感，常采用上轻下重的色彩关系。室内家具色彩的起伏变化，应形成一定的韵律和节奏感，注重色彩的规律性，否则就会使空间变得杂乱无章，成为败笔。背景色作为大面积使用的色彩，对室内的其他家具起到烘托、陪衬的作用，在色彩空间比例上占52%左右；主体色约占色彩比例38%；强调色约占10%。

1. 玄关

玄关是给人第一印象的地方，是反映主人文化气质的“脸面”。客人进门的一个缓冲的空间，玄关的设计注重的是实用和氛围的营造，能体现出房屋主人的文化品位与性格。在玄关的家具色彩设计过程当中，颜色的搭配尽量以明朗鲜艳为主，因为鲜艳象征着健康、阳光、正能量等。除了可以在视觉上给人以色调享受之外，从风水上来说鲜艳的颜色也是对家居有益的。尽量不要使用太过深沉的暗色系，比如黑色、深蓝色、深紫色等，因为玄关的位置是走进室内最先进入视野的地方，颜色低沉容易给人造成压抑感。如果实在是喜欢深色调，可尽量添加一些其他明亮的颜色，缓解深色带来的压抑感。

↑鲜艳的颜色能给人愉悦的心情，较为活泼的色彩能使人放松。

↑使用深色的家具色彩搭配上其他的中性色彩，缓和深色带来的压迫感，视觉上更耐人寻味。

←不同颜色、材质的家具给人不同的视觉、触觉体验，家具的色彩设计是家具设计的重中之重。

2. 客厅

客厅家具设计色彩的运用与装饰设计个性的体现以及全屋装饰风格的选择有直接关系，色彩是人们表达思想和感情的特殊语言，客厅家具色彩的搭配会传达出主人的性格喜好和审美取向。不同的客厅设计装修风格色彩运用不同，暖色可以创造温暖的感觉，而冷色可以给人宁静、清新、干净的感觉。

←通过不同的家具色彩的搭配可以营造出情调各异的风格，给人不同的感受。

当客厅的主色调为橙黄色时，家具与沙发的颜色应选用比它深一点的颜色，可以达到整个空间的统一和谐，使整个空间具有温馨、柔和的感觉；如采用明快的色调，地面可以设计为大地色系、家具采用奶白色，使整个空间更加的细腻且轻快活泼。奶白色的家具是近几年青年客户选择较多的颜色，白色能给人“简约而不简单”的感觉，通过其他家具和装饰品的搭配，如台灯、小摆件、抱枕以及干花等。

↑暖色的家具在视觉上给人一种温馨浪漫的气息。

↑冷色调看起来给人一种安静、干净的感觉。

3. 餐厅

国内大多数的餐厅是和客厅互通的，一般餐厅在色彩搭配上与客厅的设计风格相随，可用酒柜、灯光等做软处理。而在一些复式、别墅中独立设置的餐厅在色彩设计上常使用暖色系，实践证明，暖色有促进食欲的作用，可以营造温馨的就餐环境。

↑良好的餐厅氛围可以促进个人的食欲，利用家具的色彩设计打造不同的功能空间。

↑餐厅与客厅的风格保持一致，在颜色上作出区分，既是独立的空间又是统一的风格。

↑暖色调可以缓和餐厅的整体氛围，营造出温馨的气氛。

↑别墅具有空间大而阔的特征，暖色调的设计能使整个空间氛围得到提升。

图解小贴士

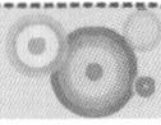

互补色能产生强烈的对比效果。这种配色方案能够让房间充满活力、生气勃勃；单一色的搭配定制家具的颜色搭配最好是用同一种基本色下的不同色度和明暗度的颜色进行搭配，可配合创造出宁静、明快等不同氛围；类似色是指色彩较为相近的颜色，这类颜色不会互相冲突。设计师可以进行各种组合，营造出更协调、平和的氛围，给人意想不到的视觉盛宴。

4. 书房

书房是学习、阅读、工作的地方，在书房中的人都希望有一个既安静又轻松的环境。书房的颜色在一定的程度上决定了人们对整个书房的感觉。蓝色能让人的心快速的平静下来，运用在书房是最合适不过了。简约型的朴实小书桌以及现代时尚的黑色座椅，两种不同风格的家具搭配是一大特色。原木色的工作台搭配草绿色的墙面，连座椅也都是带着自然的气息，这样的工作环境会让人情绪淡定、心情平稳。

↑蓝色具有稳定情绪的作用，能让人在这个空间逐渐放下杂念并快速进入到工作状态中。

↑绿色带有平复心情的心理作用，不少公共场所会用它作为主题色。

书房是一个要求安静心静的场所。一般以冷色调为主，显得安静、平和，因此，在颜色选择上应该避免强烈刺激的颜色。白色是安静的经典色彩，纯洁优雅的色彩能使紧绷的神经得到释放。白色一直是室内装修中的代表色，全白色的书房家具设计，使整个空间散发出宁静、祥和的气息。色彩较深的写字台和书柜可帮人快速进入工作状态，平复心情。

↑白色作为室内装修的代表色，白色自身带有一种使人放轻脚步，让人安静的作用。

↑深色的写字台与书柜可以帮助我们进入工作状态，褪去浮躁。

5. 卧室

卧室能表现出主人的性格喜好，卧室的颜色搭配与睡眠质量也有着分不开的关系。一般说来，柔和的色调是最适合卧室，所以对于卧室来说整体的主色调应该选择一个柔和的颜色作为主色调，而刺激性的颜色是不能用到卧室里的，因为刺激性的颜色会影响到人的情绪。

↑卧室里柔和的色彩能够让人感受到温馨舒适的感觉，能让人更容易静下心来并进入舒适的睡眠状态。

↑相反的，卧室里浓烈的色彩设计会使人整个心态漂浮不定，让人的睡意全无，鲜艳的色彩刺激大脑，很难入睡。

卧室的采光也会影响色彩设计，由于光的扩散作用，会对室内的色彩形成差异。例如靠近窗户的位置采光较好。光线往室内蔓延得越少，室内的色彩明度越低，此时宜采用浅色调为主色调，增加室内空间的明亮感。

↑卧室空间的不同位置的采光会有所不同，不同的时段的采光会带来不一样的感受。

↑在对卧室空间的色彩进行设计时，应考虑到自然采光和人工光源相结合。

2.3 家具风格设计

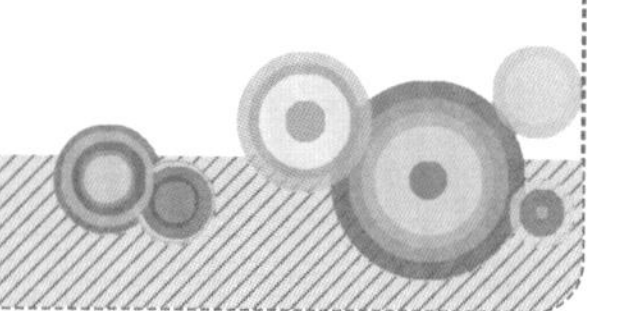

风格是指具有明显区别于其他人的特征，如穿衣打扮、行事作风、为人处世等。而在文学创作中，风格是指其表现出阿里的事物所带有综合性的总体特点。在家具设计中，各种风格的家具代表着某一个地域或者某个年代的特征。

1. 新中式风格

在中国文化风靡全球的时代，中式元素与现代工艺材质巧妙的融合，中式经典元素得到了更为丰富的空间，为传统家具文化注入了新的时代气息。家具多以深色为主，空间装饰采用简洁、硬朗的直线条，直线装饰在空间中的使用，不仅反映出现代人追求简单生活的居住要求，更迎合了中式家具追求内敛、质朴的设计风格，使“新中式”更加实用、更富现代感。

↑在造型上以简单的直线条表现中式的古朴大方。

↑色彩上采用柔和的中性色彩，给人优雅温馨、自然脱俗的感觉。

↑讲究对称性，选用天然的装饰材料，运用组合规律来营造宁静优雅的环境。

↑讲究空间的层次感，根据使用的需求度及人群，使用中式的屏风来分隔功能空间。

2. 欧式风格

一般人们说到欧式风格，首先给人一种豪华、大气、奢侈的感觉。欧式风格家具特点讲究手工精细的裁切雕刻，轮廓和转折部分由对称而富有节奏感的曲线或曲面构成，并装饰镀金铜饰，家具的结构简练、线条流畅、色彩富丽、艺术感强，给人的整体感觉是华贵优雅、十分庄重。

↑欧式的家具给人带来豪华的气息，独特的裁切雕刻手法及搭配展现出欧式奢侈风范。

↑欧式家具风格富有戏剧性和激情，在众多家具风格中，它是最能体现主人高贵生活品位的象征。

欧式客厅顶部喜用大型灯池，并用华丽的枝形吊灯营造气氛。强调以华丽的装饰、浓烈的色彩、精美的造型达到雍容华贵的装饰效果。欧式客厅顶部喜用大型灯池，并用华丽的枝形吊灯营造气氛。门窗上半部多做成圆弧形，并用带有花纹的石膏线勾边。入厅口处多竖起两根豪华的罗马柱，室内则有真正的壁炉或假的壁炉造型，以烘托豪华的家居效果。

↑真正的欧式家具完全采用纯实木打造，家具的表面十分的典雅高贵。

↑欧式家具富有艺术魅力，如一件艺术品一样精美。

图解小贴士

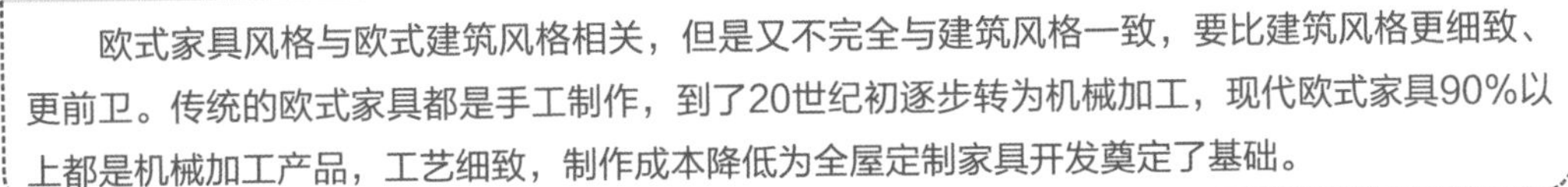

欧式家具风格与欧式建筑风格相关，但是又不完全与建筑风格一致，要比建筑风格更细致、更前卫。传统的欧式家具都是手工制作，到了20世纪初逐步转为机械加工，现代欧式家具90%以上都是机械加工产品，工艺细致，制作成本降低为全屋定制家具开发奠定了基础。

3. 地中海式风格

地中海风格整体给人一种海洋的清新感觉，带有一种简单的自然浪漫。白灰泥墙、连续的拱廊与拱门、陶砖、海蓝色的屋瓦和门窗等是地中海风格的主要设计元素，地中海风格家具将人们的生活融入花草之间，让人在家中就能感受到来自海岛的风光。

↑家具的主色调大多以白色、蓝色、黄色为主色调。

↑常采用白色与蓝色做对比，营造轻松愉悦的氛围。

↑蓝与白，展现天空与海洋的色彩，让人有一种身临其境的感觉，在家就能亲近大自然，绿植与盆栽设计也是其要素之一。

↑椅子的面与腿做成蓝白的组合配色，让对比极其明显。家具的线条大多简单、修边浑圆，使房间明亮。

图解小贴士

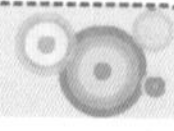

地中海的色彩搭配主要有三种，分别是蓝与白，黄、蓝紫和绿，土黄和红褐。蓝与白，展现天空与海洋的色彩，让人有一种身临其境的感觉；黄、蓝紫和绿，向日葵与薰衣草的色彩，颇具情调的色彩组合，别具一番风味；土黄和红褐，北非沙漠等天然景观的色彩，给人浓烈热情，给居室增添活跃的气氛。

4. 新古典风格

新古典主义的设计风格是经过改良的古典主义风格。欧洲文化一直以来颇受众人喜爱与追求。新古典风格从简单到繁杂、从整体到局部，精雕细琢、镶花刻金都给人一丝不苟的印象。一方面保留了材质、色彩的大致风格，仍然可以很强烈地感受传统的历史痕迹与浑厚的文化底蕴，同时又摒弃了过于复杂的肌理和装饰，简化了线条。新古典家具是在古典家具的基础上融合了现代元素，更加符合现代人的视觉审美。

↑简化线条装饰后新古典主义风格的家具赋予了家具新的审美。

↑在加入了现代元素之后，视觉效果更加的丰富。

中式新古典家具一般颜色较深，改变了传统中式家具严肃沉闷的风格，家具线条越来越人性化，越来越符合人体工程学的要求。欧式新古典家具在色彩上富丽堂皇或清新明快，摒弃了洛可可风格时期的繁复装饰，追求简洁自然之美，同时保留欧式家具的线条轮廓特征。

↑中式新古典风格在色彩上更具有亲和力，座椅上还融合柔软的现代布艺。

↑欧式新古典家具褪去了繁复的装饰，还原了家具的自然之美，轮廓线条依然明显。

5. 现代简约风格

简约风格强调家具的功能性设计、线条简约流畅、色彩的对比。同时将设计的色彩、照明、元素、原材料简化到最少的程度，但对家具的色彩、材料的质感要求很高。所以，简约风格的家具设计通常非常含蓄，往往能达到以少胜多、以简胜繁的效果。

↑家具线条简约流畅、丝毫不做作，将原材料的质感尽量还原到最真实的状态下。

↑优化家具的使用功能，很好保持家具的审美功能。

家具风格设计中大量使用钢化玻璃、不锈钢等现代新型材料是现代风格家具的常见装饰设计手法，具有很强的时尚与前卫性。家具的造型多采用几何结构，几何图形等元素。

↑不锈钢的材质在视觉上给人坚韧挺拔的感觉，几何的立体造型保证了功能与美感。

↑有了对材料的高要求，才能呈现出家具最本真的颜色，设计感更丰富。

现代简约家具设计在市场中得到了很不错效果，深受年轻人及时尚人士的青睐。对于快节奏生活中的人来说，无论是造型奇特的椅子，抑或是色彩艳丽的沙发，满足其功能性与审美性的简约家具已经越来越受到人们的追捧。

6. 美式乡村风格

美式乡村风格摒弃了家具设计中烦琐和奢华等元素，并将不同风格中的优秀元素汇集融合起来，以人机工程学机为基本，强调设计“回归自然”，给人轻松、舒适的家居生活。在设计上兼具古典的造型与现代的线条、人体工学与装饰艺术的家具风格，充分显现出自然质朴的特性。美式古典乡村风格带着浓浓的乡村气息，以享受为最高原则，在布料、沙发的皮质上，强调它的舒适度，感觉起来宽松柔软，家具的体积庞大、质地厚重、展现基材原始的风貌。

↑对家具的基材部分不做过多的雕饰，或者完全不雕塑，只做一遍清漆处理。

↑保留材质对自然的传承之美，家具颜色多仿旧漆色。

↑厚实而大的沙发是美式乡村风格中的设计妙处，外形给人笨重的感觉，实则是为了让人们体验到更为舒适的感受。

↑空间没有过多繁杂的设计，用布艺缓和了家具本身的笨重，可以让人感受到一种自然朴实的享受。

7. 东南亚风格

东南亚风格是一种结合了东南亚民族岛屿特色及精致文化品位的家具设计方式。在家具设计中广泛的使用木材和其他天然的原材料，如石材、竹子、藤条、青铜与黄铜等。家具以深色为主，局部位置运用带有金色质感的材质，极富有自然之美和浓郁的民族特色。东南亚风格家具在工艺上十分注重手工工艺的传承，拒绝同质的精神，家具以纯手工编织或打磨为主，完全不带一丝工业化的痕迹，很符合时下人们追求健康环保、人性化以及个性化的价值理念。近年来，东南亚家具在设计上逐渐融合西方的现代概念和亚洲的传统文化，通过不同的材料和色调搭配令东南亚家具产生了更加丰富多彩的变化。

↑参差不齐的柚木相架没有任何修饰感觉，却仿佛隐藏着无数的禅意，给人一种心生敬畏的感受。

↑东南亚式家具大多以纯天然材质加上纯手工制作而成。比如竹节袒露的竹框相架名片夹，带着几分拙朴及地地道道的泰国风味。

↑用实木、竹、藤等材料打造的室内家具，会使得居室显得古朴自然。

↑绿色环保的家具，只做一层清漆保护家具外观，能保留家具原始的颜色，色彩较深。

8. 日式风格

传统的日式家具多直接取材于自然材质，不推崇豪华奢侈、以淡雅节制、深邃禅意为境界，重视实际功能。日式室内家具设计中色彩多偏重于原木色，以及竹、藤、麻和其他天然材料颜色，形成朴素的自然风格。日式家具的另一个特征就是讲究整体布局的平衡性，整个家居空间里没有设计很突出的家具，也没有明显的焦点设计，所有的产品材质与色彩都是想协调的。家具大多强调其功能性，造型简单。

↑简洁、工整、自然是日式家具的主要特点，营造出悠然自得的生活空间。

↑日式风格的空间大多是纯框架的结构，利用序列线条增加了室内的体量感。

榻榻米是日式家具的经典之作。榻榻米为日语音译，日本名为叠敷。经过改良与创新设计的榻榻米被广泛运用到家具设计当中，与其他风格的家具相融合，从材质、使用功能上都发生了较大的变化。尤其是在小户型的家具空间中出现的较多，能够合理地布局室内结构空间。

↑将书桌、收纳柜与榻榻米进行组合设计，在有限的空间里将家具的使用功能性提升。

↑改变了原始材质与色彩后的榻榻米，更具活力，成为不少儿童房的首选家具设计。

2.4 环保性设计

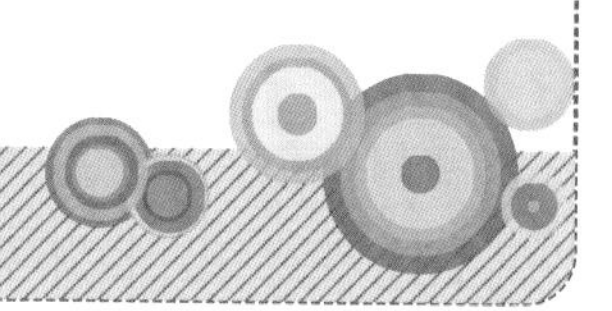

“这个产品环保吗？”是我们常常挂在嘴边的一句话，然而我们却忽视了与我们生活中息息相关“家具的环保”。一般家庭在进行家具设计安装后，家具将会伴随着主人度过漫长的岁月，其环保性是不可忽视的。众所周知，家具都是经过原材料加工制作而成的，在加工的过程中都会使用一定量的化学用品，其中有一些含有对身体有害的物质，在这种情况下，促进了环保型全屋定制家具的兴起。

←家具的环保性越来越受到人们关注，环保型全屋定制家具的兴起将家具行业的发展推向了更高层次。

在传统的家庭装修中，人们选择家具的方式一般有两种，一种是购买成品家具，大部分人会发现在成品家具店购买成品很难与自家房型吻合，家具的款式、颜色不能随自己的喜好及装修风格而改变，最重要的是小户型房间空间很紧促，容不了空间上的浪费。另一种是木工现场制作，能够根据房型量身定制，由于现场施工管理混乱、环境差，施工现场的油漆长时间不能散去，容易留下有害气体。

随着定制市场的逐渐火爆，不仅消费者对于环保问题的关注度越来越高，为了更好地满足消费者对家具的需求，众多家装及家具品牌也早已蓄势待发，在环保技术的研发上投入大量的人力物力，力求在定制家具行业出奇制胜。

↑购买成品家具时空间的利用率成为了消费者的首要考虑因素。

↑现场制作家具要通风很长一段时间才能入住，家具在环保要求上有时很难达标。

定制家具既能量身定制，充分满足消费者的个性化需求，更能合理的规划利用空间。实现工厂化生产，流水线作业。再加上专业的定制家具厂商在材料上更为考究，五金配件上又多采用国内外顶极五金品牌，在确保了产品的品质的基础之上，在家具的功能性及舒适性上做了大幅提升，充分融合了成品家具和木工现场家具的优点，又克服了它们的不足，真正实现了工业化生产，又可以量身订做，并且更环保、更时尚。

↑全屋定制家具在安装过程中不会对环境造成大面积的污染，能够保持空气流通。

↑量身定制的家具能够将室内的空间合理化的应用，环保性更强。

现在比较高端的油漆工艺为无毒定制，采用静电粉末喷涂技术替代传统刷涂油漆，利用静电吸附的方式，将固体粉末原料附着在被喷涂材料表面。通过高温工艺固化成膜，使木作产品使用的板材得到快速的360° 全封闭，省去了用胶粘合封边条的环节。不仅本身不含有甲醛、苯及苯系物、TVOC、重金属等有害物质，同时在高温状态下能够瞬间释放木材中的有害物质。

2.5 门店家具展示设计

1. 合理划分门店区域

规划好店面各个区域的主要功能，明确各区域的职能及服务人群。合理地将家具展示区、销售谈论区以及收银区做好区分设计。同时，展示区的布置要新颖别致、不宜太过凌乱，要让顾客有一种耳目一新的感觉。

↑合理的展示能让整个展厅脱颖而出，让顾客第一眼就能记住这个品牌。

↑打破常规的展示，有时候会起到意想不到的效果，简约不简单的展示让人耳目一新。

2. 创新家具陈列方式

许多人在进入家具店之前都是先透过橱窗看店内的家具设计，所以家具的陈列首先应该能一目了然，遵循前低后高的原则，对于特价区的家具要做到醒目，让人一目了然。其次，注意家具的组合优化，在搭配设计时要让顾客看出新意。

↑进门的沙发却挡住了顾客的脚步，人们不得不从沙发左右两边绕道进店。

↑在色彩的搭配上选择了相似色系的搭配，空间上衔接恰当。

↑合理的布局能够引发顾客的联想，进而促进顾客消费购买。

↑灯光对展示的效果起重要作用，温馨的环境中人们的购买意识会不断的增强。

中式新古典家具一般颜色都较深，书卷味较浓。同时改变了传统中式家具严肃沉闷的风格，家具线条越来越人性化，越来越符合人体工程学在家具上要求。欧式新古典家具在色彩上富丽堂皇或清新明快，摒弃了洛可可风格时期的繁复装饰，追求简洁自然之美，同时保留欧式家具的线条轮廓特征。

↑不同的颜色给人带来不同的感受，颜色较深的给人沉稳大气的感觉，浅色则给人清新脱俗的感觉。

一个优秀的产品，人们喜闻乐见的设计离不开营销，产品经过市场营销，好的营销模式能为产品的销量增添光彩。对定制家具来说，设计签单是其中最重要的环节，无论哪方面的原因，签单不成功就意味着这个设计不再被接受，签单是定制家具的重点，而如何与人沟通是签单的首要因素。

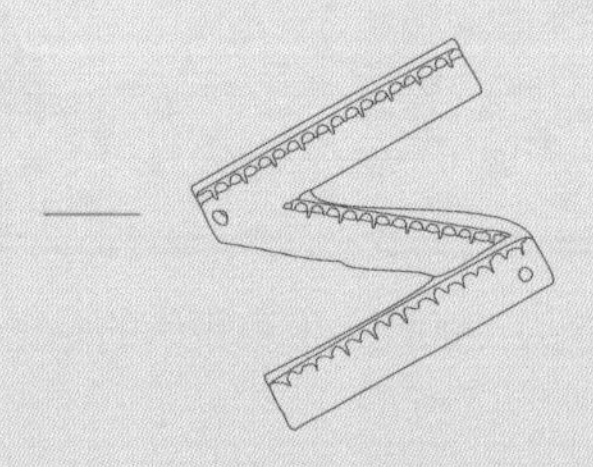

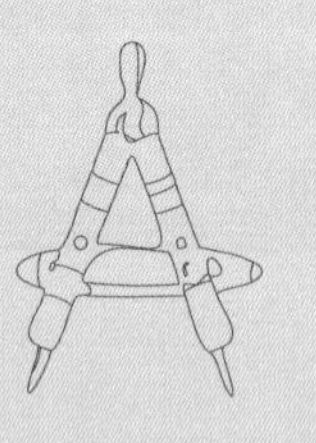

Chapter 3 设计预算签约一条龙

识读难度：★★★★★

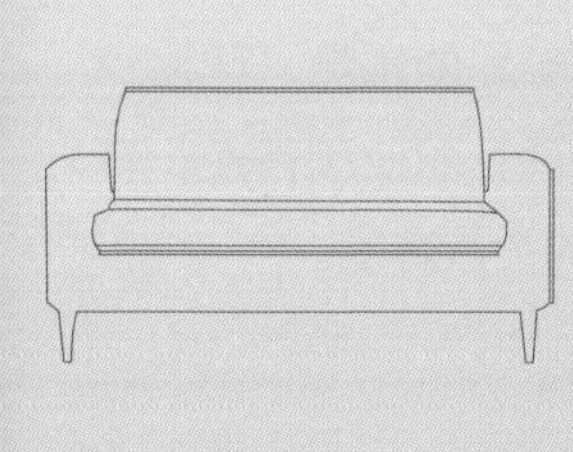
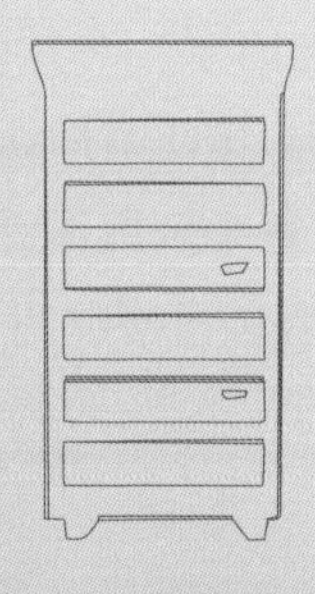
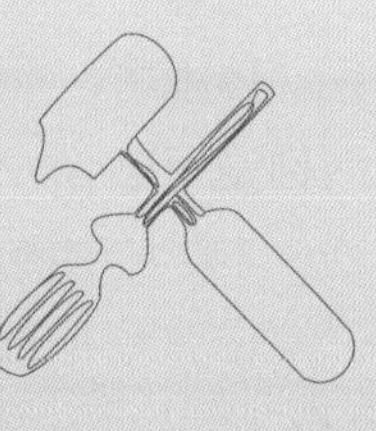

3.1 与客户沟通交流技巧

所有人都喜欢和面带笑容、语态温和的人谈话，因为他们能从这个人的话中听出一种亲切感，当跟你聊天的人一直面带笑容时很舒心。当你的说话语气让别人很舒服时，那么别人也有想要和你交流下去的冲动。与人交流是一门学问，中华语言文化博大精深，稍有不慎，客户就有可能与你的竞争对手达成合作，与人交流是设计师生涯中最重要的宝贵财富。

←交流是一把双刃剑，有利也有弊，因为你的某个暖心的话语或动作，你的客户就死心塌地地跟你签约合作。

1. 注重自身素养

与客户接触前，首先设计师要对自己有清晰的定位，家具设计师不是服装模特，不需要穿着高档次的服装，但自己的服装应该给对方一种非常职业的印象。合适的穿着也许不能为自己带来什么，但不合适的穿着却会带来灾难性的影响。客户第一眼见到设计师，不是看设计专业性知识有多强、多厉害，第一眼见到的是整个人的精神面貌、穿着，其次才是语言举止。

注意自己的穿着，接待家装客户的时候，必须保证自己的职业装整洁合体、一尘不染。休闲服，不论多漂亮，都不能穿着去接待客户，会让人一种很不专业的感觉，让客户对你没有信心，也会觉得不尊重他人。每个家具设计师至少应该准备两套职业装替换。其次，不要在熨烫衣服上松心，皱巴巴的服装直接展现了自己漫不经心的工作态度。

设计师应当注意自己的皮鞋，应该也是商务职业性的，排除那些新颖的款式，接待客户不是去参加社交换装舞会，不需要你穿着很异类，你只需穿着得体、舒适即可。

↑干净整洁的职业装会在客户的第一印象中留下好的形象，人的第一眼感觉通常会起到很重要的作用。

↑休闲装虽然自己穿着很舒适，但是会给人一种随意、不专业的感觉，上班时间还是以职业装为主为好。

↑女士职业装分裤装与裙装两种，一般以裤装为主。

↑职业裙装也是不错的选择，但是量房时会比较尴尬。

↑休闲装不建议作为上班的穿着，给不了客户安全感。

化妆，无论是在中国传统文化、东方习俗与西方礼仪里都是重要的礼貌表现，淡妆是最基本的礼仪，对他人表示礼貌和尊重，化妆会让你更加有神韵，性格更为鲜明，让人觉得家具设计师永远是精力充沛、干练的，试想一下一个给人感觉萎靡不振的熊猫眼，还是一个从容优雅等的职业女性更让人信任呢？人和人之间第一次见面往往印象深刻的就是脸，而且每一个人不可能完美无瑕，我们可以利用化妆来弥补一些天生的缺陷，让自己更漂亮，与此同时也让人变得更加自信。无论家具设计师和导购是男性还是女性，都应该注意化妆问题。女性应该着职业淡妆，平时需要注意补妆，浓妆是禁忌，会引起客户的反感。男性应该注意面部整洁干净，不能让你的客户与准客户看见家具设计师的形象有任何不舒服的地方，宁可保守，也不能太前卫。

↑精致的妆容能够使你从容不迫地与客户交流，散发迷人自信，同时也是对对方的尊重和礼貌。

↑适度的修饰能让你优雅得体，浓妆显然不适合工作场所。

男性尽量不要染发，注意头发的长度，经常打理自己的头发；不要留过于新潮或夸张的发型，要体现出与家具设计师自身职业相匹配的内涵和气质。家具设计师的胡子一直是个值得争议的话题，家具设计师不是没有权力留自己喜欢的胡须，但考虑到有许多潜在客户不喜欢男性留胡须，最好把自己的胡须刮干净。但有些家具设计师为了突出成熟和个性，喜欢在下巴上留一些胡子，只要整体给人感觉干净整洁、利索，也未尝不可。最后，一定要将指甲修剪好，千万记得不要在握手的时候刺痛对方，一旦出现这种情况，那么已经损失这个客户了。

2. 了解客户的内在需求

家具设计师在与客户交流时，首先要对客户的基本情况有一个初步的了解，包括姓名和职务、年龄、性格爱好、工作时间、家庭情况（成员的工作类型、年龄）、家装客户的权限等做一个简单的记录，方便后期与客户交流，拉近感情，同时也能为后期的设计提供资料，可以做一个内部表格，能够快速的记录客户的基本情况。

客户信息表					
姓名		性别		联系方式	
年龄		工作时间		性格爱好	
家庭成员				工作类型	
客户需求					

一个优秀的设计销售人员应该做到“一说二问三听”的原则，即在与客户交谈的时候要适时的抛出问题，了解客户潜在的需求，客户在自述时安静的倾听，思考客户这段话想要表达的含义。事实证明，倾听可以建立并不断增强销售人员和顾客的信任感。倾听首先表示销售人员对顾客的尊重，进而引发顾客与销售人员的相互信任。销售人员越愿意倾听，客户就越愿意把心中的异议告诉销售人员，以朋友间轻松的方式与客户交谈，会有意想不到的效果。

与客户交谈时，要双眼注视对方，让客户感觉家具设计师是在认真的倾听，让客户有受到尊重的感觉，抓住客户谈话中的有效信息，为自己下一步的谈话做好准备。遇到客户讲述模糊的内容，家具设计师要及时询问以澄清问题，真正确定顾客心中的意思，找到客户的内在需求。还要学会向客户询问问题，以控制双方谈话的方向，找到客户的真正需求。

获得量房的资格是关键，量房是谈单成功的垫脚石，如果连量房的资格都没有，那就不会再有下一次的交谈机会了。现场交谈时第一时间跟客户预约好上门量房的时间，做好确认工作。

3. “对症下药”的设计

对于家具设计师而言，怎样让客户“放心和满意”很重要。毫无疑问，中国的定制家具市场会越来越大，因为人们要装修的房子越来越多。但这并不意味着家具设计师的日子越来越好过。因为客户所面临的选择也是越来越多，也越来越精明。人们越来越会选择、越来越挑剔，要求越来越高。长期以来，由于家具施工工艺复杂、施工周期长的特点，再加上技术管理落后和存在“黑箱作业”等原因，人们一直对家装与家具行业普遍存在信誉较差和可信度较低的偏见。因此，从客户的角度来看，不管他是一位潜在的、现在的，或是以前的顾客，最终选择哪一个家具公司或设计师签订装合同，最重要的因素就是在设计师接单过程中能否使他们感到“放心和满意”。

市场经济的竞争归根结底是对顾客的竞争，谁赢得顾客的心，谁将最终赢得市场。因此，能否让家装客户感到“放心和满意”是家具设计师接单成功的关键。放心和满意是签单成功的内在原因，签单是放心和满意的外在表现。因此，家具设计师要吸引客户上门，提高接单成功率，最有效的办法就是提供让家装客户最放心的家装服务。

当然，这并不是说家具设计师在完成家装设计的过程中其他一些环节都不重要，它们当然也很重要。但是，只有家具设计师在取得客户“放心和满意”的前提下，这些环节中所付出的努力和代价才会最终得到回报，也就是说，家具设计师首先必须使客户感到放心。这就是家具设计师在群雄争霸的家具市场中提高市场地位和竞争力的法宝，是吸引客户、提高业务接单成功率的利器。

家具设计师在设计全屋定制家具时，最重要的工作就是如何让客户放心和满意。这至少包括两个方面的内容，一是家具设计师提供的设计方案本身以及相关服务，二是客户对家具设计师提供的设计和服务的满意程度。这不仅仅是做一个设计方案那么简单的事，换句话说，家具设计师的设计方案虽好，但如果客户不放心、不满意，那么方案再好也没有用，对他来说就没有“价值”。

客户需要的实际上是家具设计师的设计方案能给他带来的价值，否则家具设计师的设计方案对他来说将毫无意义。这里的“价值”，可能是一套风格独特的卧室衣帽间的设计方案，也可能是一套考虑周密的预算报价方案。

此外，还要注意的是，这个“价值”，一定要是客户心目中的价值，而不是家具设计师心目中的价值。例如，一个很有特点的电视主墙面设计方案，家具设计师认为很好、很有价值，但是有的家具客户却认为这很浪费钱，希望再简单一些，因为在他心目中，“节省费用”就是好的家具造型，这是他心目中的“价值”。因为客户总是选择那些价值大的而放弃价值小的，希望花更少的钱做出更多更好的家具，所以，你的方案在客户心目中的价值大小就非常重要。

3.2 上门测量与简图绘制

当客户确定其购买的家具品牌及相关家具产品以后，需要由专门的家具设计师上门进行量尺，详细确定家具每个方面的尺寸，以便设计出来的家具满足客户住宅空间的需要。量尺的内容主要针对客户所需的家具空间尺寸，包括家具墙面的长、宽、高，柱面的尺寸和位置，门窗的尺寸和位置，家具摆放的位置和尺寸等家庭空间尺寸。

手绘是一个家具设计师的基本功，在没下单之前，量房的机会只有一次，如果家具设计师在第一次面谈中没有掌握到客户的内在需求，那么这一次量房的过程中就显得极为重要，边量房边与客户交流，让自己对房子的功能有明确的认识，客户装修与家具制作是自住、出租，还是父母住；想要什么样的家具风格，欧式、美式、中式、日式、地中海等；对整体家具的预算有没有一个明确的额度。这些问题都是涉及后期设计与签约的关键因素。

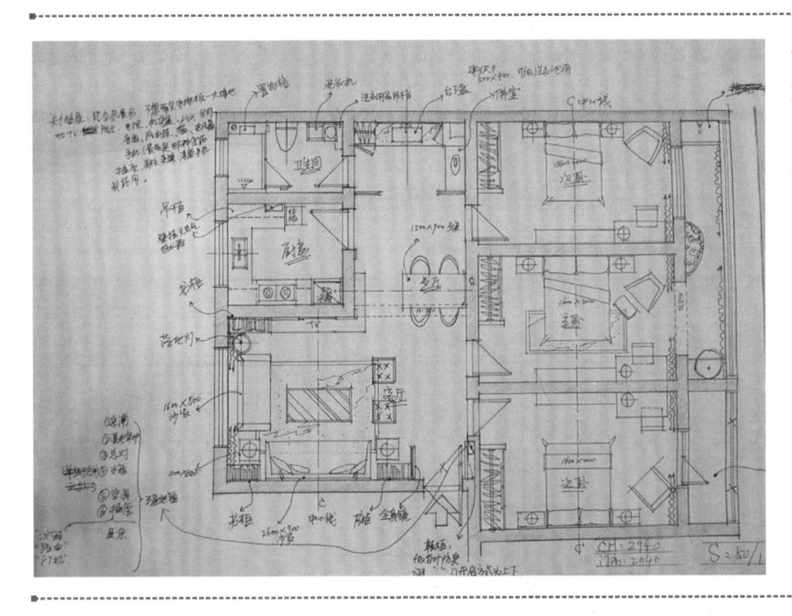

←手绘是设计师的基本功，一份清晰明了的手绘图，能给后期设计省不少时间。

当在确定空间尺度以后，家具设计师会根据客户家庭成员构成，包括文化背景、个人喜好、家庭的生活状态、生活习惯以及生活方式等基本情况，从专业的角度与客户的需求，对家具进行初步设计，再约见客户确定方案。客户可以根据自己的需求提出修改意见，并与家具设计师进行沟通，完善方案。经双方多次探讨之后，确定最终的设计方案。

家具设计的图纸最基本的有两种平面图：一种是反映原始建筑结构布局的建筑平面图，又称为室内平面结构图；另一种是反映室内装修布置的平面布置图。家具设计师要看得懂并能分析原始建筑平面图，还要迅速画出调整后的平面布置图，接单时基本就没有太大问题了。

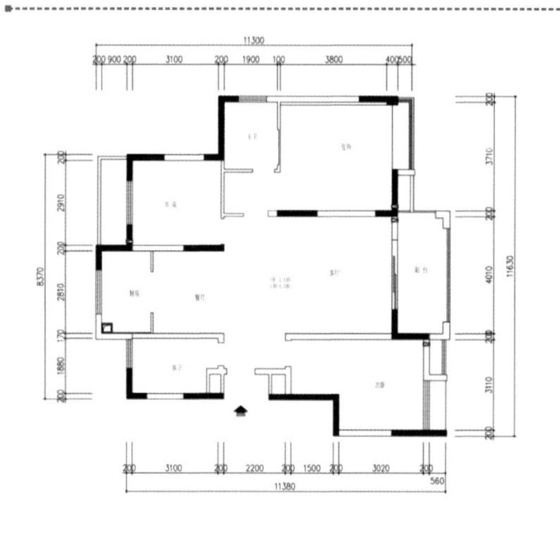

↑室内平面设计图是房屋的原始建筑结构布局，因此，是第一次量房的依据。

↑平面布置图是设计师根据客户的需求对原始房型进行空间布局设计。

如果第一次接待客户，家具设计师就能当场把客户的设计要求和自己的设计想法，迅速用手绘图的形式漂亮地表达出来，那么既能快速了解客户的需求，又能增加客户的信任感，这能大大提高接单的成功率。

←手绘具有快速表达的特点，能在较快的时间内将客户的想法以图纸的方式表述出来。

家具设计师在每次接待客户后都应提供设计图纸，以便征求客户的意见，然后根据客户的意愿进行修改，直到满意为止。因此，设计图纸是双方相互交流的桥梁和工具。如果是跟施工人员打交道，家具设计师也必须将客户的装修想法画出设计图来给施工人员看，这是他们施工的依据，也是将来完工后进行验收的依据。

↑图纸具有一目了然的优势，将想要表达的家具特征快速的呈现出来。

↑根据客户的要求进行家具设计，图纸无疑是最简单直接的方式。

每个人对于自己未来的“家”的样子都有各种各样的美好想象，但遗憾的是，现实中的房子往往与我们的需求和想象有着很大的距离。尽管房地产商已经根据使用对象的不同做出了很多种户型供我们选择，但当我们拿到房子钥匙时，仍然会发现有很多地方都非常不理想，有的甚至不可忍受。

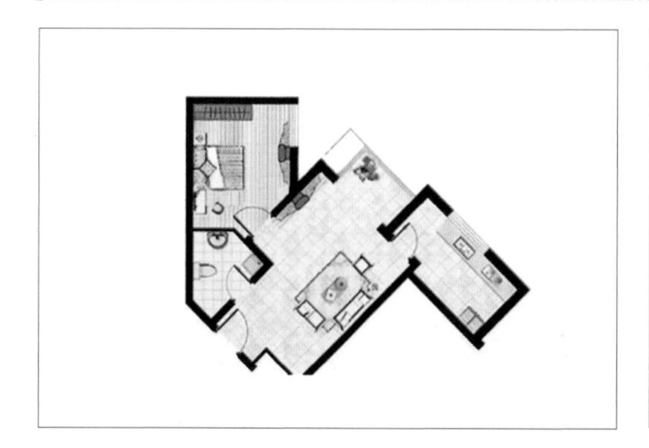

↑暖色调可以缓和餐厅的整体氛围，营造出温馨浪漫的艺术气息。

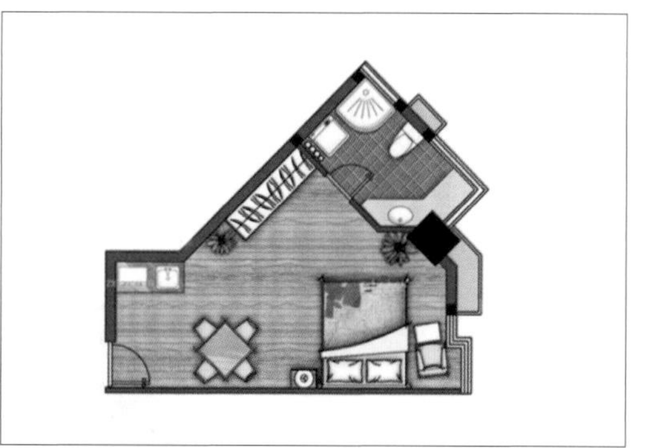

↑别墅具有空间大而阔的特征，暖色调的设计能使整个空间氛围得到提升。

当多数家庭都无法按照自己的意愿建造房子，值得庆幸的是，我们完全可以通过全屋定制调整和改变居室中原来不尽理想的方面，也就是对空间进行整体规划和调整。

3.3 定制家具专用软件

目前，国内定制家具市场上常用的设计软件有设计软件、圆方衣柜设计软件、AutoCAD效果图制作、酷家乐、三维家家具设计软件等。这些软件的模块功能基本相似，大致可以分为家具设计模块、环境设计模块及图纸输出模块等。

1. AutoCAD设计软件

AutoCAD（Autodesk Computer Aided Design）是Autodesk（欧特克）公司首次于1982年开发的自动计算机辅助设计软件，用于二维绘图、详细绘制、设计文档和基本三维设计，现已经成为国际上广为流行的绘图工具。可用于绘制二维制图和基本三维设计，通过它无须懂得编程，即可自动制图，因此它在全球广泛使用，可以用于土木建筑、装饰装潢、工业制图、工程制图、电子工业、服装加工等多方面领域。

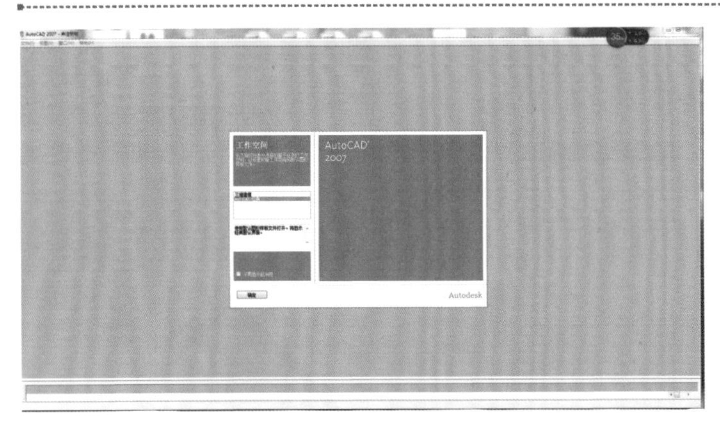

←AutoCAD开机页面有三维建模与AutoCAD经典，家具设计绘图一般使用经典绘图即可。

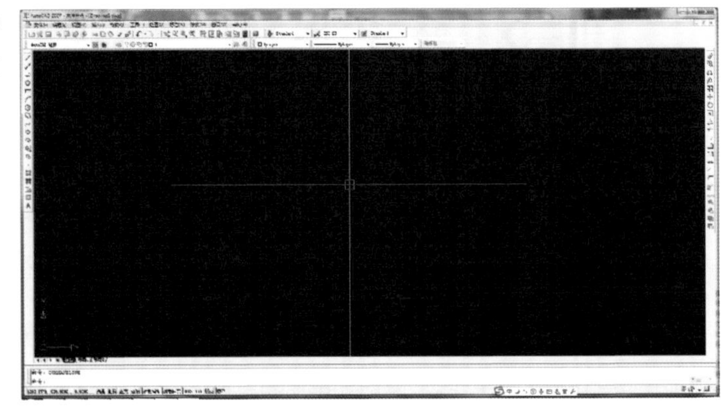

→在定制家具设计中，AutoCAD软件是用来绘制原始平面图及家具布置图的软件。

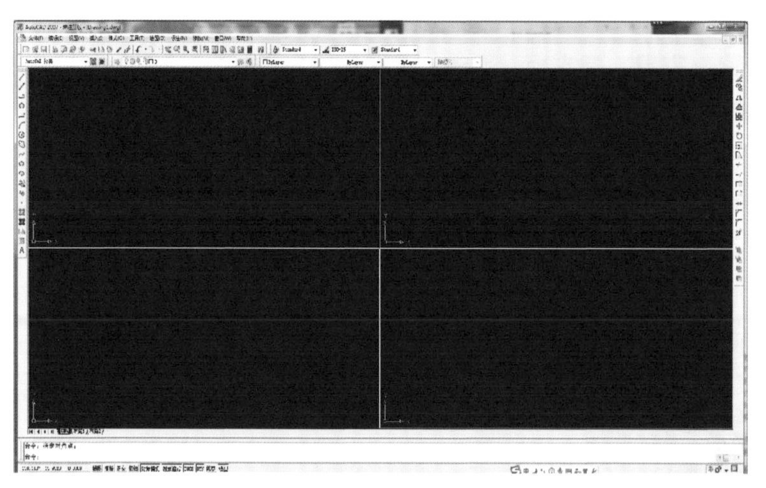

←强大的图形编辑功能使得它在装饰行业占据主要地位，这是家具设计的一款入门软件。

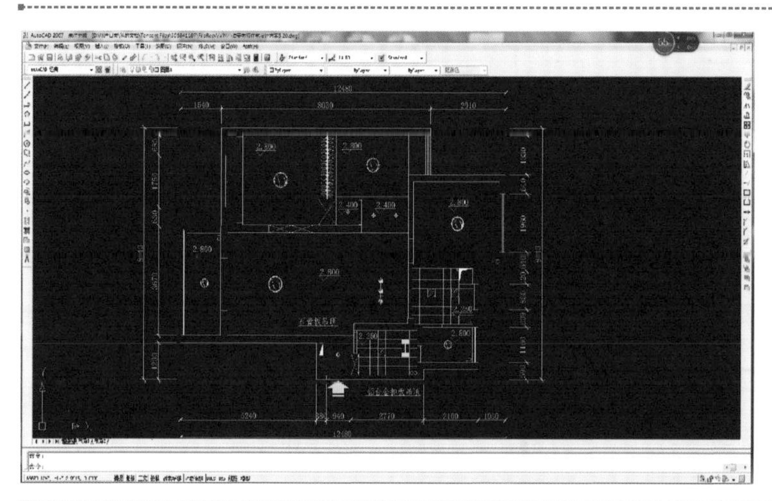

←一套户型图可以快速地在AutoCAD中表现出来，快捷键是快速绘图的重要条件，能有效提升绘图速度。

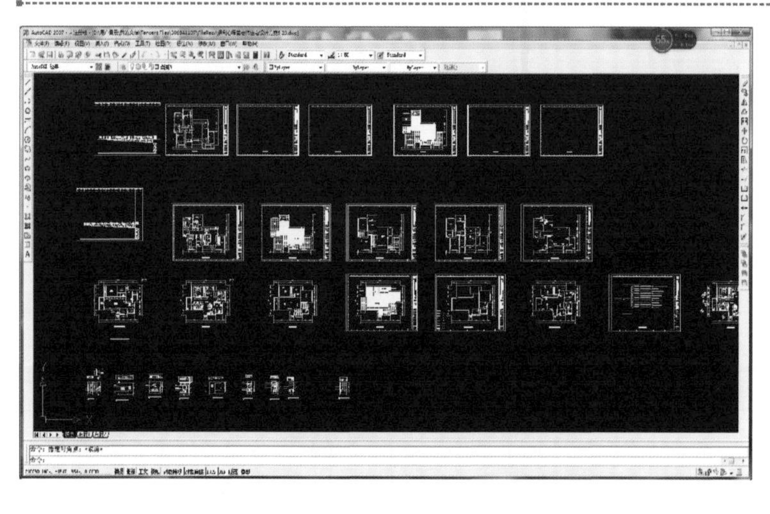

←一整套家具设计图纸可以在一个CAD文件中绘制，更加地简单快捷。

2. 圆方衣柜设计软件

圆方专业致力于为装修、家具、厨衣柜、卫浴、瓷砖等大家居行业，提供设计、生产、管理、销售软件一体化的解决方案，是全球领先的家居行业IT技术解决方案提供商，在图形图像、家居行业信息化解决方案领域居于世界顶尖水平。圆方软件是一套在线互动三维立体家庭装修设计软件，由圆方软件公司和新居网自主研发，具有自主知识产权。圆方专注于自有软件的独立研发与销售，目前拥有虚拟现实、3D渲染引擎等一大批核心技术，主要运用于装饰、橱柜、衣柜、卫浴、瓷砖等行业，提供设计、生产、管理、销售软件一体化的解决方案，目前在国内定制家具行业应用较广。

↑我家我设计是圆方的新版本，功能更加全面，页面识别度高，操作更为简捷。

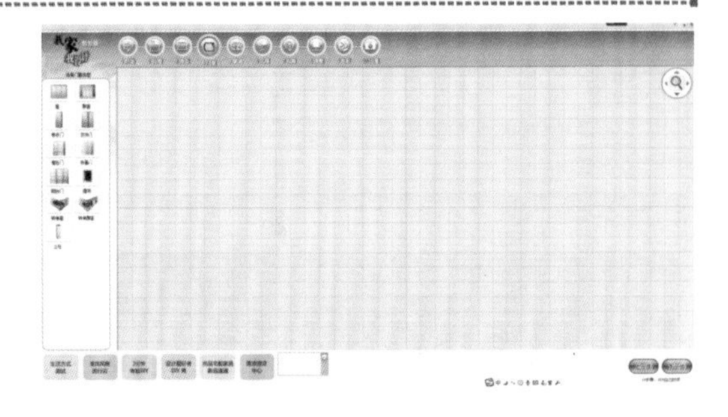

↑圆方操作页面很简单，按照步骤进行操作即可。热门户型即搜即用。

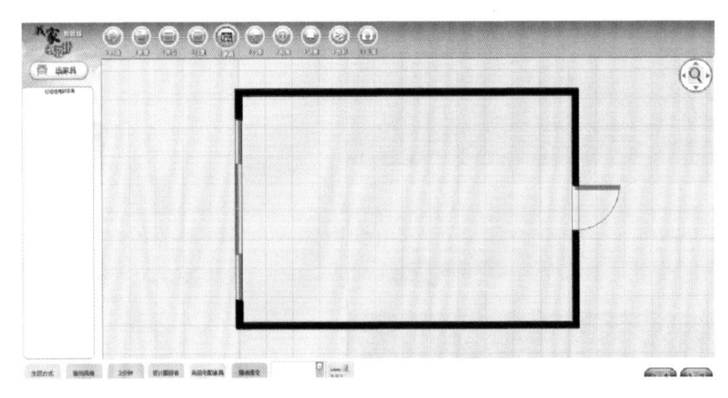

←在页面图形中将家具导入，然后选择想要的家具风格进行设计，如果感觉效果不满意，还可以回到上一步操作。

→进行视角转换加以调整，做一些简单的修改，最后出来的效果图较为不错。

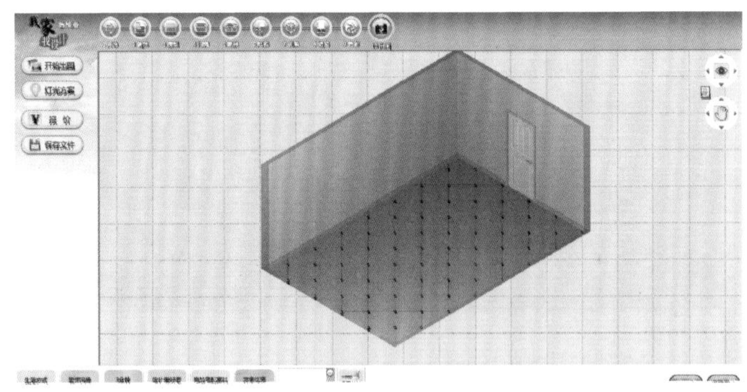

3. Auto3D MAX效果图

Auto3D MAX的制作流程十分简洁高效，可以使你很快的上手，所以先不要被它的大堆命令吓倒，只要你的操作思路清晰上手是非常容易的，后续的高版本中操作性也十分的简便，操作的优化更有利于初学者学习。

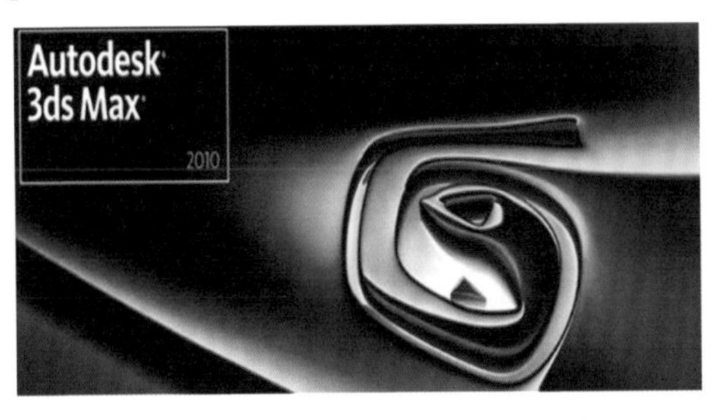

↑Auto3D MAX开机页面是大量的金属色，页面只有简单的软件名及软件的版本信息。

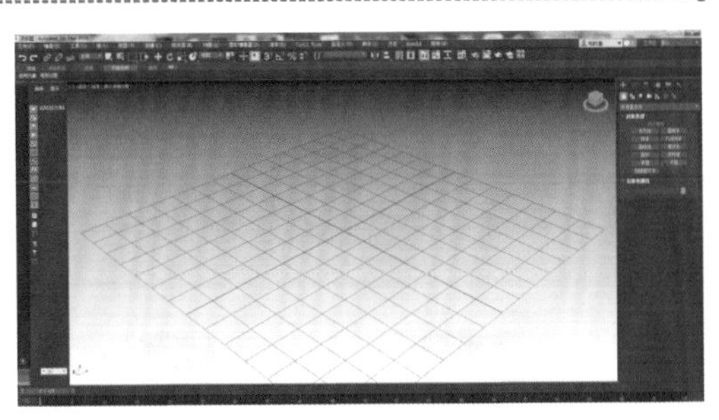

↑Auto3D MAX的操作页面清晰，可以在三维空间自由旋转模型，可以从多个视角进行切换。

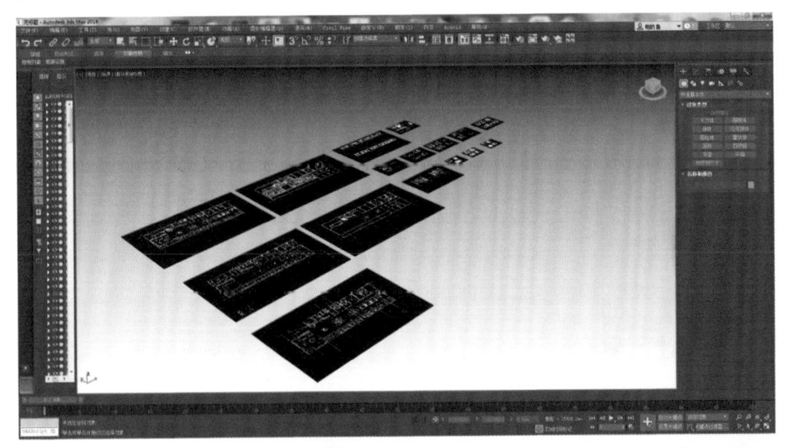

←在软件中导入CAD的图形即可在上面建模，建模的过程较为简单，后期需要调整灯管、摄像机、物体的材质会稍微有点麻烦，但是Auto3D MAX的效果与其他的几个软件相比较，总体效果最好，只是花费时间多一些。

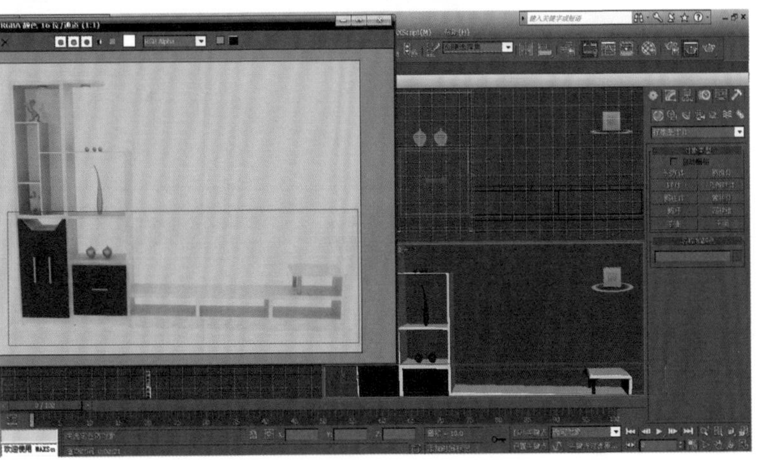

→Auto3D MAX主要是运用渲染技术对家具表面赋予材质、色彩、灯光、摄像头，将家具以最真实的状态呈现出来。Vray渲染器是Auto3D MAX用来渲染图片的工具，其对电脑的配置有要求，渲染使用的时间长短不一。

4. 酷家乐

酷家乐是以自创ExaCloud云渲染技术为基础搭建的3D云设计工具，可以5分钟生成装修方案，10秒生成效果图，一键生成VR方案。酷家乐是效果图制作软件中出图最快的一款软件，它的特色功能是可以先画户型图（平面布置图），测算风水，然后装修房间出效果图，效果很逼真。值得一提的是，软件在线客服可以远程教画图，这点很人性化。

←首先操作界面十分美观，而且是网页在线即可操作，功能也是很丰富，基本上每个星期都会有更新优化。

←这个是可以在搜索里面找到一个户型一秒钟就可以直接导图的一个软件，你可以直接将样板间的模型搬过来直接用，非常方便也比较节省时间。

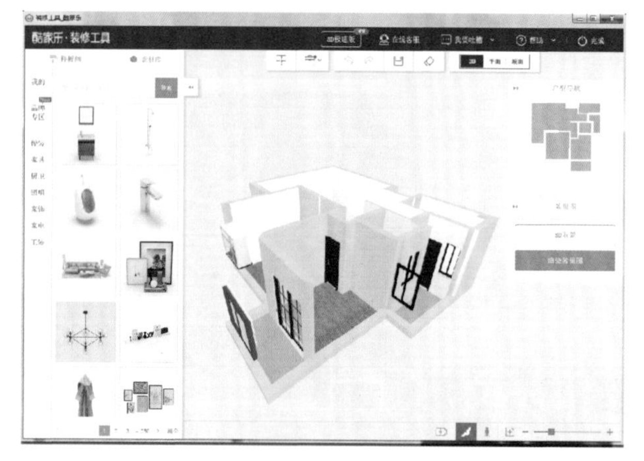

←鼠标拖动即可将整个模型调试到自己想要的角度，与3D MAX相比较，酷家乐的灯光效果没有3D MAX的看起来真实，但是速度确实比3D MAX要快很多。

3.4 绘制方案图与施工图

一般来说，家具设计师接单需要经过两个阶段：一是方案设计阶段，二是施工图阶段。家具设计师在接手一个家装客户的方案设计时，首先必须读懂家装客户新居原建筑的平、立、剖等各类施工图，搞清楚原有建筑空间、设备等情况以及家装客户的要求等。然后，家具设计师才能据此做出设计方案图和效果图。

方案确定后，家具设计师也要根据确定的方案绘制家装设计施工图，并以此作为指导施工和编制工程预算的依据，这就是家装设计制图。家装设计制图就是把具体的物体或想象的物体用一定的图线在纸上形象地表现出来的过程。这种按照一定标准绘制出来的图形是比语言文字更能准确反映设计要求的技术语言。

1. 原始平面图

原始平面图是整个家居环境的原始面貌，房屋的朝向以及承重墙的位置都能在原始平面图上面表现出来，作为家具设计、施工图纸的重要依据。原始平面图能够精准定位室内的门窗、阳台位置；室内各个房间的具体名称、尺寸、定位轴线和墙壁厚度等；以此作为家具设计的依据所在。

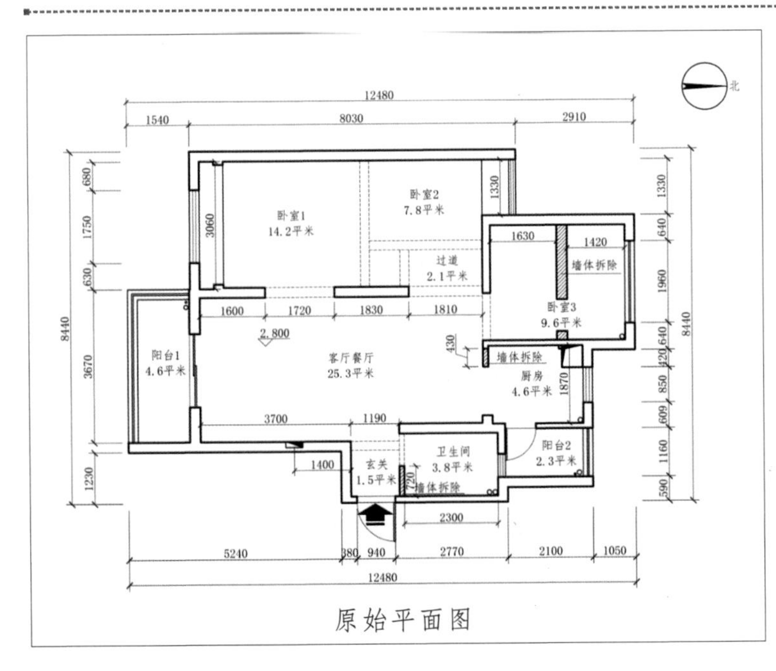

原始平面图

←从原始平面图我们可以看出来，每个室内空间都有了明确的功能划分，房间的尺寸、面积及层高都很清晰，为下一步的设计做好了基础。

2. 平面布置图

平面布置图是建筑物布置方案的一种简明图解形式，用以表示建筑物、构筑物、设施、设备等的相对平面位置，一般指用平面的方式展现空间的布置和安排。

家具平面布置图是所有施工图的标准，在尺寸数据上要十分的细致。一旦出现尺寸差错，那么所有的图纸都需要修改，如果定制的家具已经开料了，那么就需要重新返工。如果在最后安装时才发现尺寸有问题，那就需要将板材进行返厂，其中的人工费、运输费、时间都是不可估量的损失，对品牌也造成了不好的影响。

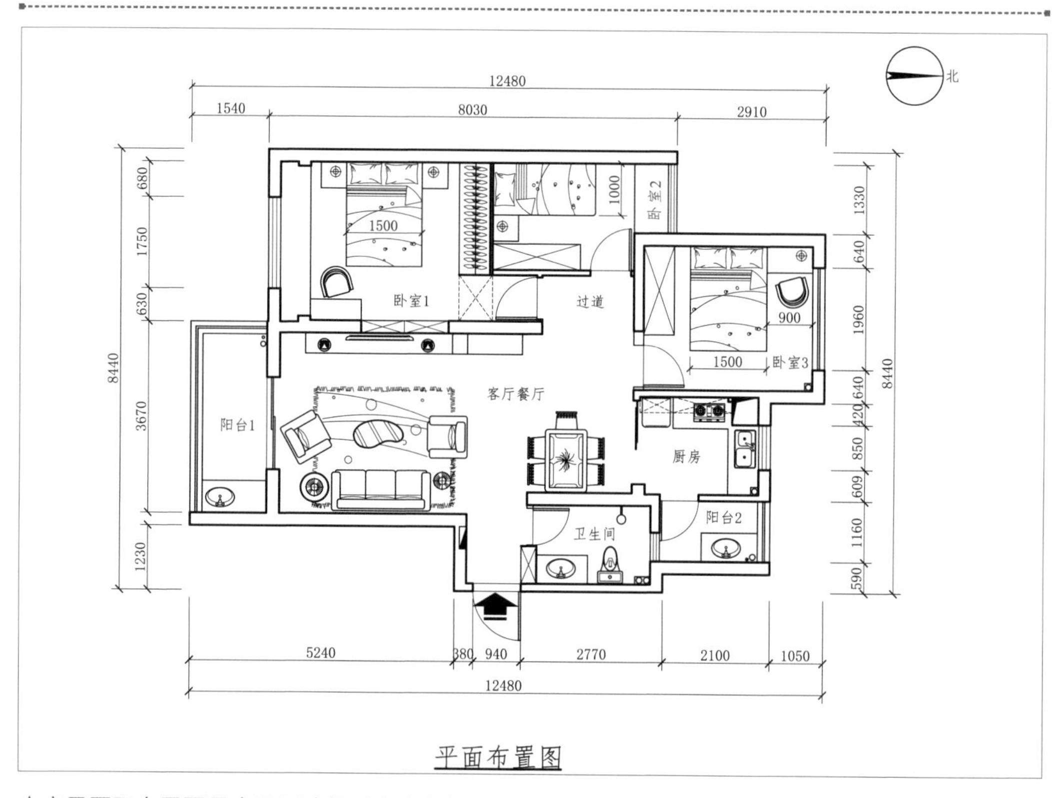

平面布置图

↑家具平面布置图是家具设计师对家庭空间进行规划设计后的图纸，在图中我们可以清楚的看到沙发、餐桌、床的朝向；能看出卫生间、厨房的基本生活设施的排放次序以及具体的位置；各个房间衣柜靠墙位置以及开门方向等；房间里电脑桌的尺寸及工作方向等，我们可以从平面布置图中提取许多有用的信息。

平面布局的好坏代表着家具设计师职业水平的高低，不同文化的人对房间空间大小、环境的要求是不同的，根据特定情况做平面设计布局，是每一个家具设计师需要反复思索的题目。有些业主家庭装饰完工并使用后，溘然感到，为什么门没有在这里开呢（建筑结构上是可以的），事实上，这个题目在平面布局设计时是可以解决的。

3. 立面索引图

在施工图中,有时会因为比例问题而无法表达清楚某一局部,为方便施工需另画详图。一般用索引符号注明画出详图的位置、详图的编号以及详图所在的图纸编号。索引符号和详图符号内的详图编号与图纸编号两者对应一致。引出线应对准菱形中心，菱形中央画一条水平线，上半部中用阿拉伯数字注明该详图的编号，下半部中用大写字母注明该详图所在图纸的图纸号。如果详图与被索引的图样在同一张图纸内，则在菱形下半部分中间画一水平细实线，索引出的详图，如采用标准图，应在索引符号水平直径的延长线上加注该标准图册的编号。

立面图就是把建筑的立面用水平投影的方式画出的图形，主要应表示的内容体现建筑造型的特点，要选择绘制代表性的立面。剖面图是用剖切平面在建筑平面图的横向或纵向沿建筑物的主要入口，窗洞口，楼梯等位置上将建筑物假想的垂直剖开，然后移去不需要的部分，再把剩余的部分按某一水平方向进行投影而绘制的图形，主要是反映建筑内部层高、层数不同、内外空间比较复杂的部位。

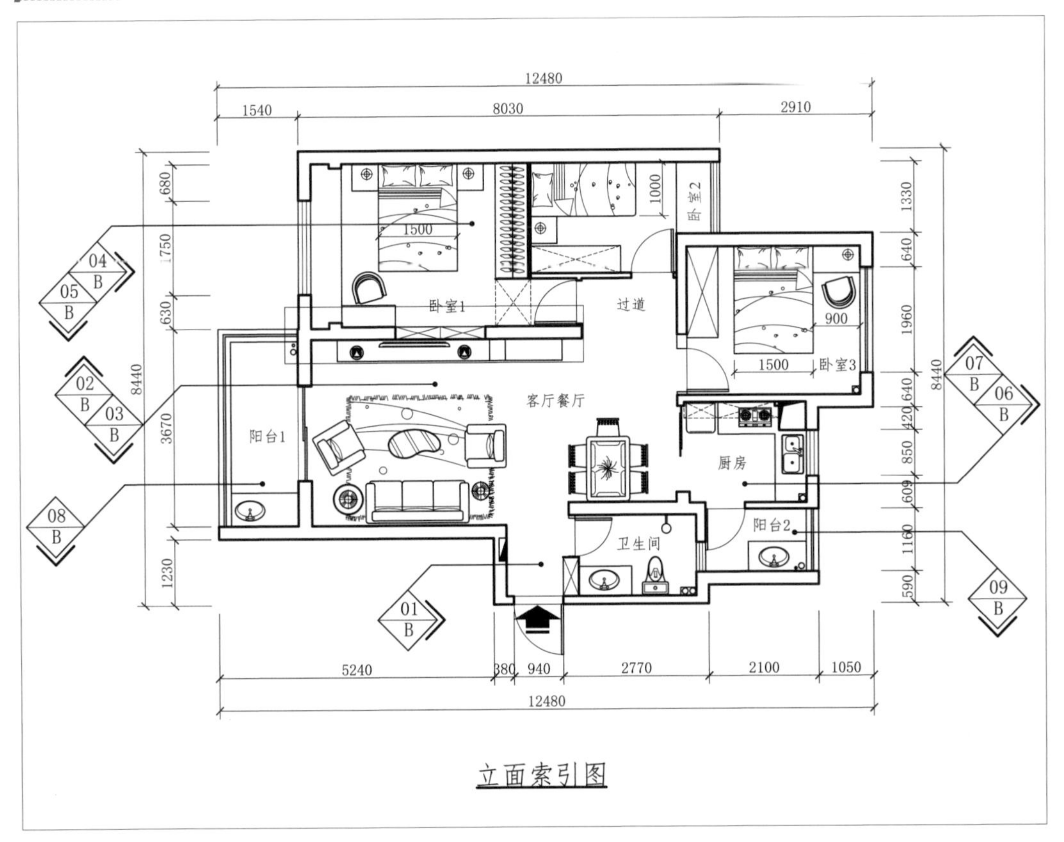

立面索引图

↑立面索引图主要应用于在平面布置图中表述不清晰的局部位置，将部位标出，并做好编号。

4. 家具立面图

一件家具是否美观，很大程度上决定于它在主要立面上的艺术处理，包括造型与装修是否美观。在设计阶段中，立面图主要是用来研究这种艺术处理的。在施工图中，它主要反映房屋的外貌和家具立面装修的做法。是从正对着方向看到的形状，房屋长、高，层数、门、窗、各种装饰线并标出外墙面材料、色彩，注出各层标高等，只绘出看得见的轮廓线。

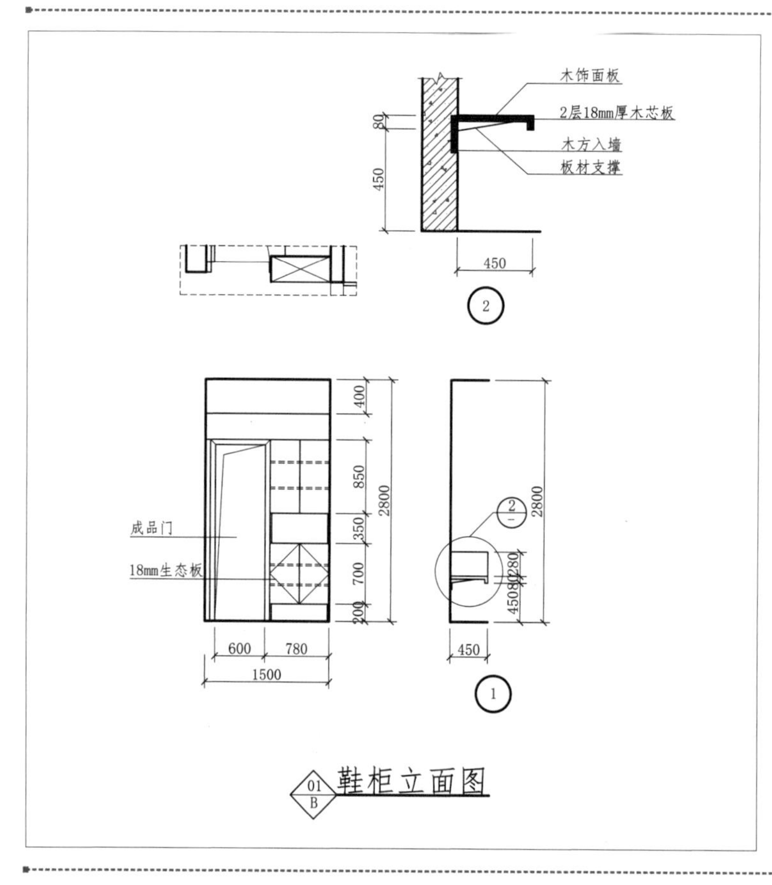

←从立面图中可以看出设计师对鞋柜使用的板材型号、柜内格局划分合理，底部与中部留空的设计，能为业主增加实用性功能。

一般来说，玄关处的鞋柜主要是放置平时常穿的6~8双鞋或拖鞋的，靠近地面的一层可以设置拖鞋的位置。家具设计师会依据玄关的尺寸、结构和美观度来为业主提出专业建议。不同样式的鞋子让女性更风情万种，但随着鞋子款式和数量的增加，鞋柜面积也越来越紧张。其实，鞋柜的设计、制作也是家装中的一门学问。鞋柜的主要用途是来陈列闲置等鞋子，选择定做鞋柜一般会相对灵活一些，比如玄关鞋柜不仅具备放鞋功能，还可以设几个放雨伞、钥匙等按家人实际需要而设置的贴心功能。玄关鞋柜是现在新款鞋柜中将储藏、装饰以及实用性做的最好的传统鞋柜。

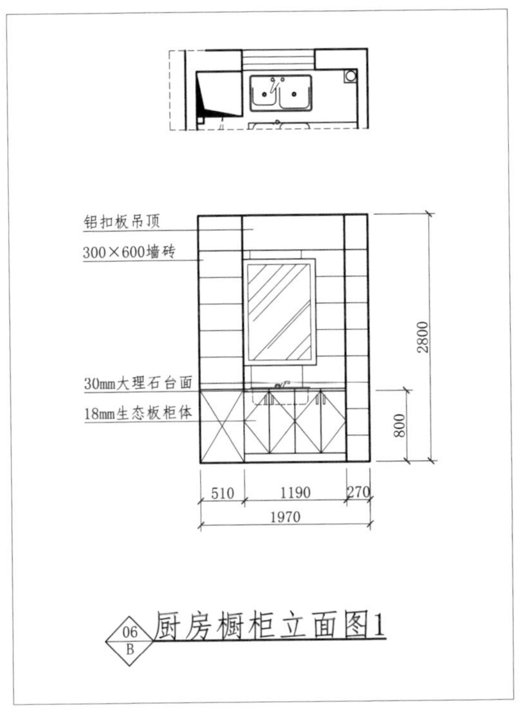

↑厨房橱柜立面图主要是对柜体结构及家具摆放位置做整体布局，洗菜盆的摆放位置及标高。

415 415 450 450
铝扣板吊顶
18mm生态板柜体
750
抽油烟机
300×600墙砖
1000
600
800
2800
695 1035 590
2320
07
B
厨房橱柜立面图2

↑对油烟机及厨房灶具的摆放位置及高度设计，将冰箱的上部空旷位置标记并做了吊柜设计。

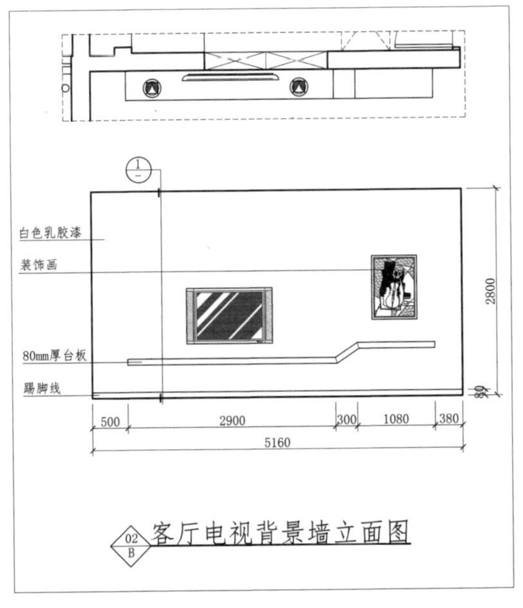

↑电视背景墙采用简单的线条设计，设计出简约的造型。

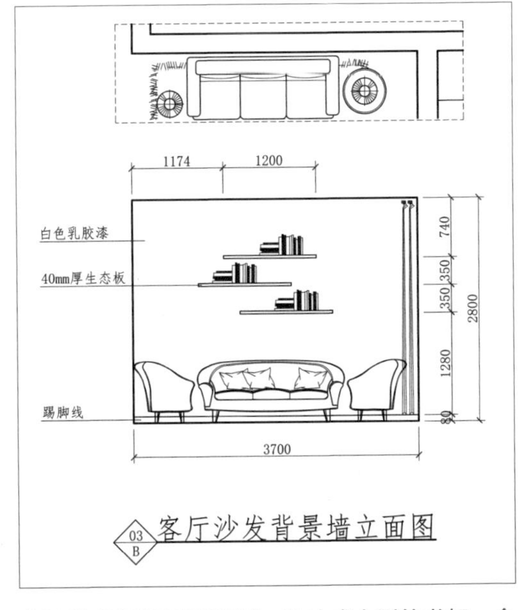

↑沙发背景墙用了隔板，设计成小型的书架，合理地运用空间，将展示性与实用性相结合。

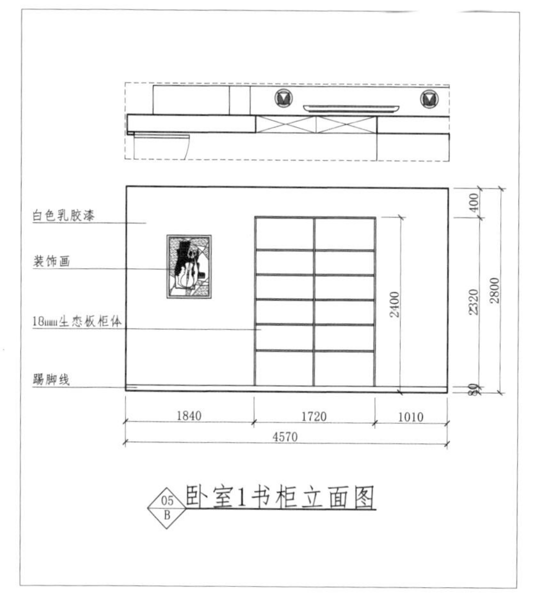

↑将卧室的电视背景墙与书柜结合在一起，巧妙的将两端承重墙的中间空墙部分做成书柜。

挂衣杆
9mm生态板柜背
成品门
18mm生态板柜体
踢脚线
100
560
2140
2800
500
220
2150
840
3030
04
B
卧室1衣柜立面图

↑卧室衣柜是到顶的设计，将收纳空间增大，底柜用挂架、抽屉、层板隔断等方式，将收纳细致化。

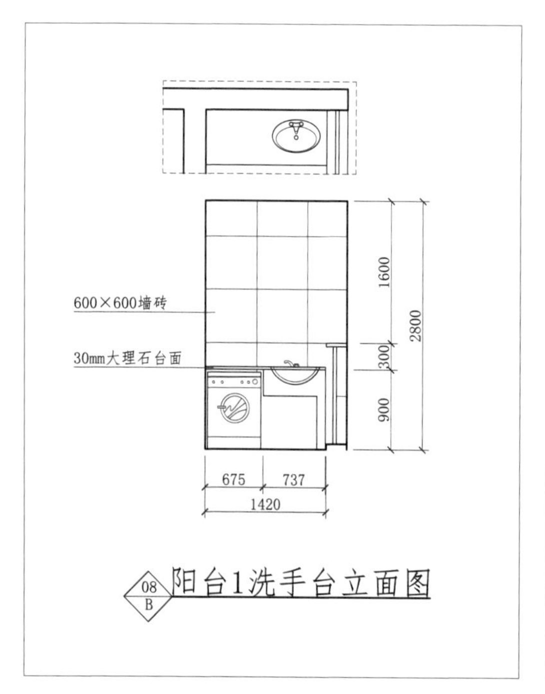

↑巧妙地将洗手台与洗衣机设计为一体式，方便业主洗衣操作。

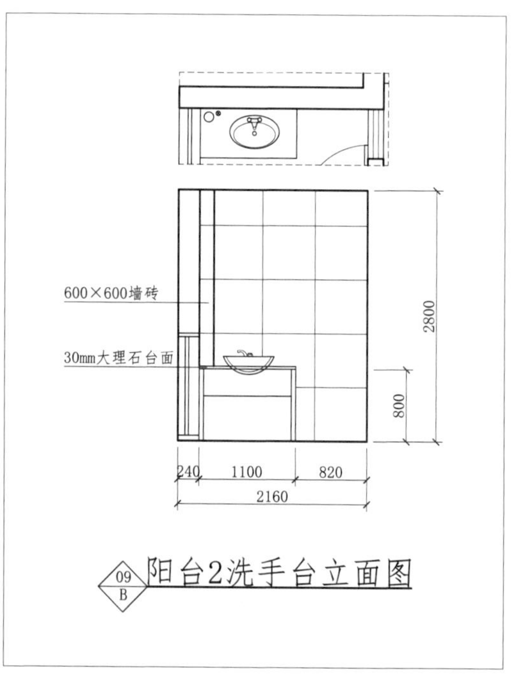

↑将厨房储物阳台做了洗手台设计，为厨房的清洗区域增加的操作空间。

5. 家具效果图

3D效果图就是立体的模拟图像，好的3D效果图接近于相片，好比房屋装修，他可以在施工期提前把装修完成的样子帮你用计算机绘制出来，这就是3D效果图，可以让你一目了然地了解这个设计方案装修出来的房子你是否会喜欢，给客户一定的选择性、认知性。家具设计师的图纸能给客户很大的想象空间，每个人的思维存在多样性的特征，效果图能够让客户对你的家具设计一目了然，让客户更加直观、明确地了解家具设计师的设想。效果图的主要功能是将平面的图纸三维化、仿真化，通过高仿真的制作，来检查设计方案的细微瑕疵或进行项目方案修改的推敲。通过对物体的造型、结构、色彩、质感等诸多因素的忠实表现，真实地再现家具设计师的创意，从而沟通家具设计师与观者之间视觉语言的联系,使人们更清楚地了解设计的各项性能、构造、材料。

3D效果图运用最广的领域就是装饰行业和定制家具行业，对于家具设计师来说，3D效果图比设计图纸更能说服客户，毕竟客户在图纸只能看出大概的布局，而3D效果图能让客户更直观的面对设计。

↑3D效果图能够让客户更为直观的观看整个房屋的格局设计，比起平面图纸，更通俗易懂。

↑通过从进门过道的角度看客厅沙发背景墙，真实等还原了家具的布局与摆放位置，效果更好。

↑从餐厅的位置看客厅，软装与家具、灯饰的搭配一目了然，客厅的动线清晰明了。

↑通餐厅的餐桌材质、配色清晰可见，造型别致的木质吊灯精巧别致。

↑卧室家具的摆放，朝向都是经过反复的推敲。最终以最好的状态呈现。

无论是方案设计阶段，还是施工图设计阶段，都需要家装设计师对建筑及室内设计制图有一定的了解，尤其应该具备熟练的识图和制图能力。家装设计图纸是家具设计师交流的语言，识图制图也是家具设计师必须掌握的基本功。家具设计师要面对平面图纸，或者对现场进行实地考察，根据客户的装修想法和要求，找出原有建筑图中或实际房间里那些空间的“优势”和“劣势”，这些优势和劣势哪些应当保留和完善，哪些应当调整和改造。家具设计师在接单时，要能够现场对原始建筑图进行空间格局的分析。

一套优秀的建筑装饰设计，应该从设计甲方进行设计思路的确定，应该是最重要的，也是所有设计完成的前提。它所包含的不仅仅是设计方案最后的效果图，还有对设计对象的使用功能以人为本的原则出发，达到设计为人服务的根本目的。

6. 家具实景图

在家具定制日趋流行的时代，家具设计不仅是简单地解决空间家具的结构规划问题，而且能将多种功能集合在一体的定制系统里面，实现风格与功能的统一。所以全屋家具的设计主要体现在风格和功能两个方面。家具实景图是对之前所有的设计图纸的检验，只有高还原度才能做到与设计图纸相差甚少，达到设计最理想的效果。

待家具全部制作、安装完毕后拍摄的实景图是家具公司存档与营销推广的主要媒介。

↑电视背景墙只做了简单的置物处理，造型较为简单，尺寸的拿捏度控制的很到位，不会显得很拘束。

↑由于进门就能看到一堵白色的墙，用水墨画做了简单的装饰，既不会喧宾夺主，又别有一番风味。

↑背景墙前端预留的位置刚刚好放进一台立式空调，同时也缩小了空调管道的暴露距离，美观性更高。

↑沙发背景墙的置物书架高低错落的设计，不会显得呆板，与整体的配色相得映彰，放上装饰物刚好将空开遮蔽。

↑主卧的书架做了最简单的分层处理，既不会显得繁杂，使用功能又强大。

↑到顶的定制衣柜，能够将家居等收纳空间做到最大化。

↑衣通设计很好地解决了家中衣服多的摆放问题，收纳性强。

↑抽屉家分隔柜的设计，让收纳空间更加的多样化，为不同的饰品提供收纳空间。

↑多功能吊柜设计，为厨房增加了储物空间，整体美观性较高。

↑一体式厨房用具，操作方便，各个功能划分明确，有利于厨房操作。

↑定制的卫浴产品，尺寸刚刚好，使用功能齐全。

↑储物间的侧板设计，能够将不常用的物品陈列摆放。

↑上下柜分离设计，中间的空白部分刚好可以随手存放进出的包包、钥匙、手提袋等小物件。

↑镂空的层板设计，增强了鞋柜的通风，同时更节省板材。

设计的真正意义在于充分了解客户的需求与习惯，运用专业技能实现私人订制，真正做到视觉美观整体风格协调统一；布局合理科学规划发掘每一个空间的作用；满足客户的个性化需求，以客户为核心，真正做到家具有颜值，更有内涵。符合个人生活习惯与需求，设计出合理的收纳系统，与客户的生活方式、使用习惯相结合，使用起来、打理起来都更方便，大大提高了我们的生活质量。只有将生活性与艺术性完美结合，才是一套完整的设计方案。

图解小贴士

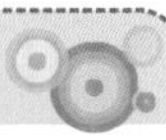

全屋定制家具的实景图拍摄角度特别重要，要与设备、建筑、软装结合起来拍摄，采光明亮，室内无灰尘、杂物。无论是用智能手机还是单反相机，拍摄时最好用三脚架固定，对着家具拍摄3～5张不同的角度，最后再集中挑选，保留最佳角度。

3.5 定制家具预算与报价

定制家具是采用工厂直供的方式，减少了中间商环节，对客户来说能省下不少钱。定制家具价格目前主要有两种计算方式。一是投影面积计算，就是柜子的宽度乘以高度再乘以单价，这种计价方式需要向商家了解清楚是否包含柜门，对于宽度、高度、深度尺寸有没有限制，是否包含抽屉、拉篮、格子架、裤架这些功能配件。二是按展开面积计算。将衣柜的结构完全分拆，把板材、五金、隔板、背板及相关配件等全部分开计算面积和单价，最后相加得出最终总价。目前，市场上实力较强的品牌多采用展开面积来计价。优点是顾客可以清楚知道每个部分使用的材料，同时，这种计价方式不存在简单设计与复杂设计同一个价格的问题，所以在设计的时候细节上能做到更加个性化和人性化。但计算比较麻烦，报价表过于详细，对销售人员的专业素质要求较高，需要经过专业培训。同时，经常遇到设计图纸出来后，客户还会增加一些板材，销售人员再按配置大概算出一个价，容易出现最终的总价比做预算时总价高的情况。

定制家具的报价最终还是以家具规格、材质、制作工艺来报价，不同公司的报价会有所差异。以某户型的定制橱柜为例，后客户将板材、五金件等确定下来后，家具设计师会给客户一个最终的报价。这个报价按照家具的面积、使用的五金件等设备，家具设计师会对其做一个预算，告知客户这套定制橱柜的大致金额，最终的报价会在预算的价格上下浮动，一般客户都是容易接受的。

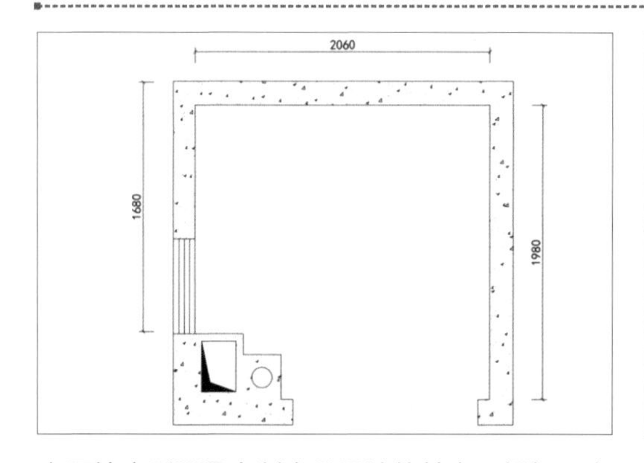

↑原始房型图是定制家具设计的基本，根据原有的房型做橱柜设计，一般家庭都会采用上下柜的设计，储物功能较为齐全。

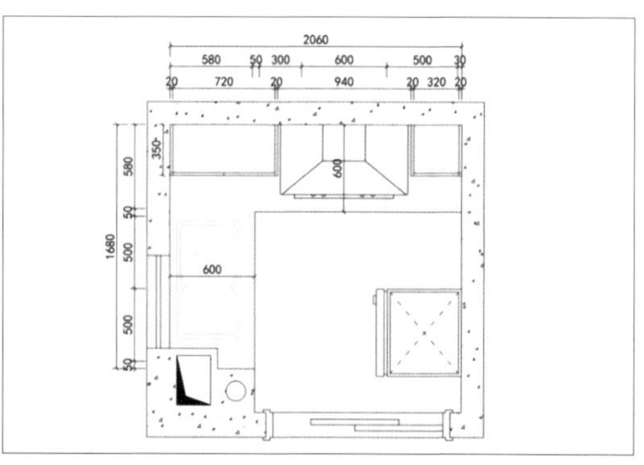

↑原家具设计图纸决定了家具使用的板材、五金件的数量，根据客户的要求做一定的修改后，没有问题的话在第一时间做出报价。

平面布置图并不能看出家具到底有多少个面，只能看出家具摆放的位置，家具立面图能够更为直观地表现出家具各个面的尺寸及细节。有的客户并不懂家具设计图纸，那么家具设计师要学会引导客户看图，让他明白自己的钱花在了哪里。首先了解家具的墙面摆放位置、标高、框架用料要求。其次，帮助客户了解家具的朝向、层数变化、进深，以及门板材质等问题，避免后期安装时家具不符合客户的要求，这个就是家具设计师的问题了。最后，对所有的设计及用料做简单的说明。

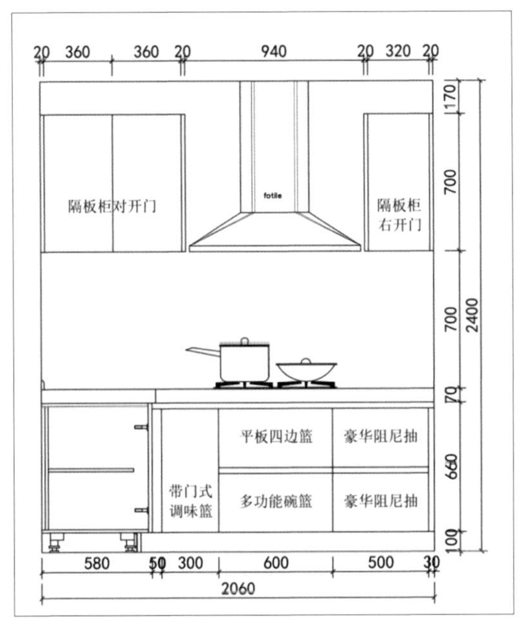

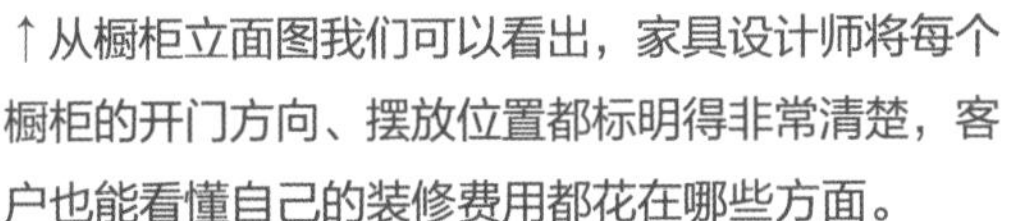
↑从橱柜立面图我们可以看出，家具设计师将每个橱柜的开门方向、摆放位置都标明得非常清楚，客户也能看懂自己的装修费用都花在哪些方面。

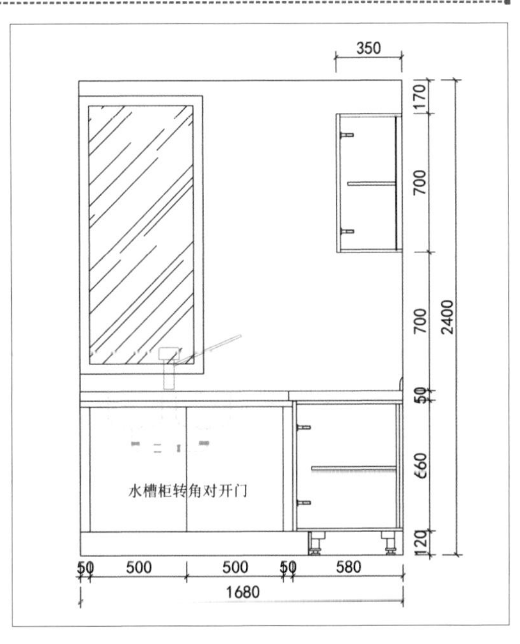

↑原家具设计师将地柜与吊柜的隔板也做出了标识，在计算家具面积的时候客户能清楚的知道板材的面积是多少。

图解小贴士

全投影面积计价是按衣柜正面投影面积来算的，即衣柜的宽×高，深度一般都是标准的尺寸600mm（不含柜门）。按照客户的生活需求设计叠衣区、挂短衣区、挂长衣区、衣杆及所有的板材，超出标准配置需加价。

相对于展开面积计算，投影面积计价计算非常简单、快速，可以很快为客户算出整套家具的大致价格，在无法给出十分精确的拆分报价的情况下，可以避免一些错算漏算的问题。但是也存在一些缺陷，例如价格不透明，容易使顾客产生不信任感；估价会有一定的偏差，并且由于后期修改方案或者尺寸，使最终成交价有非常大的变化浮动。同时这种计价方式因为对隔板、叠衣区、挂杆均按标配配置，消费者在购买时应事先向商家了解清楚其标配的具体数量，避免不必要的成本增加。

橱柜报价是家具设计师根据客户的订单要求，经过综合考虑后给出的家具价格。

橱柜报价							
客户地址			订货日期				
一、基本配置:16+3箱体。门板颜色PQ8656 台面颜色HW-B918							
序号	名称	规格	用料明细	数量	单位	单价（元）	分类总价
1	上柜	700×350	烤漆	1.08	m	1750×0.88	1663.00
2	下柜	660×580	国产石英石	3.16	m	2250×0.88	6256.00
3	台面	600	烤漆	3.26	m	1360	4433.00
4	合计						12352
二、功能配件							
序号	名称	规格	用料明细	数量	单位	单价（元）	分类总价
1	抽屉滑轨	标配	豪华阻尼	2	副	680	0.00
2	围杆		钛镁合金	2	副	150	0.00
3	调味篮		线型带阻尼	1	只	880	880.00
4	拉篮		线型带阻尼	1	套	1000	1000.00
5	出面		烤漆	0.49	m^2	1300	630.00
6	台盆工艺		台下盆	1	组	280	280.00
7	包管费用	700×400	石英石	1	根	380	380.00
8	合计						3840
9	总价		16192				
10	送货时间						

橱柜报价是家具设计师根据客户的订单要求，进行的综合报价。不同的定制家具企业的报价略有不同，但基本上都是以上述的两种方法进行面积计算。因为各企业根据使用的家具板材、结局配件、家具设计师水平、安装人员的素质等存在不同。

3.6 成本核算

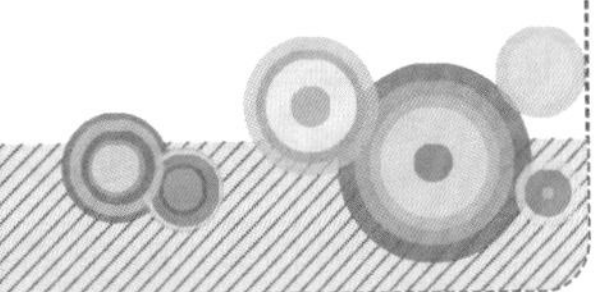

1. 材料成本核算

木材成本是按净尺寸加上加工余量来计算，板材从备料、毛料尺寸的利用率，需要根据板材的实际状况进行测定。一般按50%计算，国内贸易按照60%计算。材料单价按照出具增值税票的价格加运费（到厂价格）计算，特殊板材利用率按照惯例按80%～85%计算，木皮饰面按照65%计算，五金、包装价格按照产品实际需要1：1计算，油漆材料价格按照产品喷涂面积和混合油单价计算（喷涂面积按实际情况计算）。

2. 人工成本

人工成本按照材料成本总额的15%计算（含所有的间接和直接人工成本）。

3. 核算要求

（1）合法性原则。指计入成本的费用都必须符合法律、法令、制度等的规定。不合规定的费用不能计入成本。

（2）可靠性原则。包括真实性和可核实性。真实性就是所提供的成本信息与客观的经济事项相一致，不应掺假，或人为地提高、降低成本。可核实性指成本核算资料按一定的原则由不同的会计人员加以核算，都能得到相同的结果。真实性和可核实性是为了保证成本核算信息的正确可靠。

（3）相关性原则。包括成本信息的有用性和及时性。有用性是指成本核算要为管理当局提供有用的信息，为成本管理、预测、决策服务。及时性是强调信息取得的时间性。及时的信息反馈，可及时地采取措施，改进工作。

（4）分期核算原则。企业为了取得一定期间所生产产品的成本，必须将川流不息的生产活动按一定阶段（如月、季、年）划分为各个时期。成本核算的分期，必须与会计年度的分月、分季、分年相一致，这样可以便于利润的计算。

（5）权责发生制原则。应由本期成本负担的费用，不论是否已经支付，都要计入本期成本；不应由本期成本负担的费用（即已计入以前各期的成本，或应由以后各期成本负担的费用），虽然在本期支付，以便正确提供各项的成本信息。

（6）实际成本计价原则。生产所耗用的原材料、燃料、动力要按实际耗用数量的实际单位成本计算、完工产品成本的计算要按实际发生的成本计算。虽然原材料、燃料、产成品的账户可按计划成本（或定额成本、标准成本）加、减成本差异，以调整到实际成本；一致性原则，成本核算所采用的方法，前后各期必须一致，以使各期的成本资料有统一的口径，前后连贯，互相可比。

（7）重要性原则。对于成本有影响的项目应作为重点。而对于那些不太重要的琐碎项目可以从简处理。成本核算是指将企业在生产经营过程中发生的各种耗费按照对象进行分配和归集，以计算总成本和单位成本。成本核算以会计核算为基础，以货币为计算单位。成本核算是成本管理的重要部分，对于企业的成本预测和企业的经营决策等存在直接影响。

橱柜成本核算

序号	名称	规格	用料明细	数量	单位	单价（元）	分类总价
1	上柜	700×350	烤漆	1.08	m	1550×0.6	1004.00
2	下柜	660×580	国产石英石	3.16	m	1850×0.6	3508.00
3	台面	600	烤漆	3.26	m	1050	3423.00
4	抽屉滑轨	标配	豪华阻尼抽	2	副	300	600.00
5	围杆	标配		2	副	60	120.00
6	调味篮	300mm	线型带阻尼	1	只	300	300.00
7	拉篮		线型带阻尼	1	套	750	750.00
8	出面		烤漆	0.49	平方	850	466.00
9	台盆工艺		台下盆	1	组	180	260.00
10	煤气包管费用	700×400	石英石	1	根	200	200.00
11	总价		10631				

以上一节的橱柜报价来看，一般成本控制在50%左右，家具设计企业才有利润。

成本核算是成本管理工作的重要组成部分，将企业在生产经营过程中发生的各种耗费按照对象进行分配和归集，以计算总成本和单位成本。成本核算的正确与否，会影响企业的成本预测、计划、分析、考核和改进等控制工作，也会对企业的成本决策和经营决策的正确与否产生影响。成本核算过程，是对企业生产经营过程中各种耗费如实反映的过程，也是实施成本管理进行成本信息反馈的过程。因此，成本核算对企业成本计划的实施、成本水平的控制和目标成本的实现起着至关重要的作用。对一个企业来讲，要计算企业的主要产品成本，要根据生产特点和生产组织方式采用一种适当的成本计算方法，但这一种成本计算方法并不一定能满足该企业成本计算和成本管理的全部需要。

企业的情况错综复杂，要全面考虑具体企业的生产特点和生产步骤，根据企业的规模和水平，科学合理地安排成本计算程序和方法，把各种成本计算方法结合运用，达到最佳的成本计算和最优的成本控制。

企业如果生产的产品不同，生产经营过程和管理要求就不同，企业在确定成本核算对象时要注重适应企业生产技术与生产组织的要求，同时要注重满足企业加强成本管理要求。企业成本核算对象的确定应该与生产经营管理相联系。另外，成本对象划分要科学合理，在实际工作中，我们在对核算对象进行划分既不能太细化也不能过粗，划分过粗过细都会影响成本核算的准确性。

企业在进行生产时会涉及共摊费用的场合，这时我们采用的分配标准要注重合理性和简便性原则。所谓合理性即所选择的分配标准与分配费用之间会存在一定的联系，我们应该根据联系的密切度多少进行成本费用分配。简便性是指易于取得分配标准的资料，方便计算。

随着计算机技术的不断更新，以计算机技术为核心的信息管理手段已成为现代成本会计的一种必然发展趋势。会计电算化不仅大大加快了信息反馈速度，提高了业务处理效率，还能及时准确地进行成本预测、决策和核算，有效地对成本进行控制。因此，企业应该注重对会计人才的培养，建立健全会计选拔制度，定期对工作人员进行培训，注重思想素质的建设，培养出一支能够适应成本管理的现代化需要的专业技术队伍。

图解小贴士

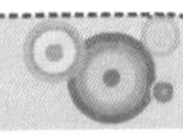

成本核算方法的具体实施步骤。

首先正确划分各种费用支出的界限，如收益支出与资本支出、营业外支出的界限，产品生产成本与其间费用的界限，本期产品成本和下期产品成本的界限，不同产品成本的界限，在产品和产成品成本的界限等。

然后，认真执行成本开支的有关法规规定，按成本开支范围处理费用的列支。

接着，做好成本核算的基础工作，包括：建立和健全成本核算的原始凭证和记录、合理的凭证传递流程；制定工时、材料的消耗定额，加强定额管理；建立材料物资的计量、验收、领发、盘存制度；制订内部结算价格和内部结算制度。

最后，根据企业的生产特点和管理要求，选择适当的成本计算方法，确定成本计算对象、费用的归集与计入产品成本的程序、成本计算期、产品成本在产成品与在产品之间的划分方法等。向商家了解清楚其标配的具体数量，避免不必要的成本增加。

3.7 签订合同

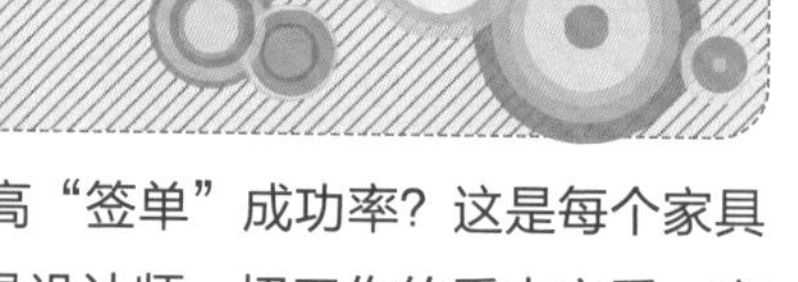

家具设计师在接单过程中如何有效地接单，如何提高“签单”成功率？这是每个家具设计师必须倾其一生精力要努力培养和学习的，也是家具设计师一切工作的重中之重。家具设计师掌握得越好，接单就越轻松，赚钱就越多，生活也就越快乐。

做家具设计其实就是做服务。无论是家具设计服务还是家具施工服务，在当今的市场经济社会，都存在一个能否让客户“放心和满意”的问题。在家具设计接单的过程中，客户“放心和满意”了，他最终就会成为忠实的客户，或许他还会替你在亲戚、朋友、同事之间宣传你的设计；如果客户不满意，不但他会“溜走”，他周围的人因为他的游说也会远离你。可以说，使客户“放心和满意”是家具公司和家具设计师能否屹立于家具市场的关键。

←签订合同是家具设计的重要环节，就算你的设计做得再好，客户不跟你签订合同，最终也是白忙活一场，签订合同是对双方权益的保障。

首先，我们要充分研究家具客户的消费心理，从客户接待到最终签单的各个环节、细节都分解得清清楚楚，了解家具客户关心什么、担心什么、怎样使其放心和满意，然后制定详细的应对策略，设计出优秀的设计方案，朝着客户“放心和满意”的方向努力。换一个角度讲，如果客户发现不满意的地方，可以从中发现我们家具设计师自身设计方案的不足，家具设计师的设计思维与客户需求之间存在一定的差异，这给我们改正缺点指明了方向。熟练运用这样的家具经营策略，那么家具设计师做的设计方案又怎会不受欢迎呢？客户又怎么会不签订合同呢？

家具设计师需要掌握的签单方法有很多，如何抓住签单信号，如何掌握签单时机，如何避免签单障碍，以及如何针对不同情况采用不同签单方法等。家具设计师在接待家具客户时，出现让最有希望签单的潜在家具客户退避三舍，从而导致交易失败的情况，往往会犯的错误有五种。你必须认清它们并倾全力避免，这点非常重要的。

1. 避免和家具客户争辩

当家具设计师和客户争辩，家具设计师就是间接地说客户错了。一般人都很讨厌别人说自己错了，尤其是显然有错的时候。他们不喜欢别人指出自己的错误。你的责任是要赢得客户的信任，讨好他们，而非赢得辩论。除非客户的问题是质疑公司的诚信，或否定设计方案的品质，否则一语带过即可。把焦点放在设计方案可以为客户做些什么事情上面，而别管其他的说辞。

2. 避免盲目表达个人的喜好意见

家具设计师可能对自己的喜好很执着，但必须记住别人同样对他们自己的喜好坚定不移。客户往往都喜欢与自己品味类似的人签单，假如你强烈表达与客户相反的意见或立场，他很有可能不签单。千万别以为客户会认同个人那套特别的信仰或喜好，家具设计师做的设计最终的使用者是客户，而不是家具设计师自己，所以一定要以客户的喜好为参考标准。

3. 避免攻击对手

假如没人提起竞争者，家具设计师就不应提起他们，绝对不要指名道姓地讨论对方。绝对不要拿对手的设计做比较，或以任何理由攻击他们。为你的对手说好话，就是间接地褒扬你和你的设计方案。客户会因此对你有好感，尤其是你的对手在过去访谈中曾经恶意批评过你的状况下，更是如此。

4. 避免夸大家具设计

家具设计师对设计的好处夸大其词，这种做法已经达到吹嘘和不实陈述的地步。由于信任是最后促成签单最重要的催化剂，所以绝不可冒险做或说任何可能损毁信任的事。事实上，在目前普遍缺乏信任感的家装行业中，谦虚可能比吹嘘更能博得客户的好感。与其吹嘘自己设计的特别功能，不如引述其他客户愉快的使用经验。借别人的话来赞美自己的设计。客户比较容易接受和相信出自第三者的正面评语。

5. 避免超越设计权限

这是发生在家具设计师告诉客户可以给他折扣或提前进场或提前完工，而家具设计师并没有这种权限或者根本无法做到的情况。家具设计师必须再回到客户那里去承认自己无法履行诺言，家具设计师破坏了自己的信用，影响了客户关系。

家具设计师不但要做对的事情，还得避免做错的事情，犯错会造成伤害，这就是家具设计师在接单时应遵循的真理。

全屋定制家具装修合同	
委托方（甲方）	
承接方（乙方）	

工程项目

甲、乙双方经友好洽谈和协商，甲方决定委托乙方进行居室装潢。为保证工程顺利进行，根据国家有关法律规定，特签订本合同，以便共同遵守。

第一条：工程概况

1.工程地址：________________________________

2.居室规格：房型______层（式）______室______厅______厨______卫

（1）______室，计______平方米；

（2）______厅，计______平方米；

（3）______厨房，计______平方米；

（4）______卫生间，计______平方米；

（5）______阳台，计______平方米；

（6）________过道，计______平方米；

（7）其他（注明部位）________，计________平方米。总计：施工面积________平方米。

3.施工内容：详见本合同附件和施工图。

4.委托方式：________________________________

5.工程开工日期：______年______月______日

6.工程竣工日期：______年______月______日　　工程总天数：________天

第二条：工程价款

工程价款（金额大写）____________________元，详见《全屋定制家具预决算表》。

1.材料款__________元；

2.人工费__________元；

3.设计费__________元；

4.施工清运费__________元；

5.搬卸费__________元；

6.管理费__________元；

7.其他费用（注明部位）__________元。

第三条：质量要求

1.工程使用主要材料的品种、规格、名称，经双方认可。

2.工程验收标准，双方同意参照国家的相关规定执行。
3.施工中，甲方如有特殊施工项目或特殊质量要求，双方应进行确认，增加的费用应另签订补充合同。
4.凡由甲方自行采购的材料、设备，产品质量由甲方自负；施工质量由乙方负责。
5.乙方严格按照工程建设强制性标准和其他技术标准施工，按照甲方认可的设计、施工方案和做法说明完成工程，确保质量。

第四条：材料供应

1.乙方须严格按照国家有关价格条例规定，对本合同中所用材料一律实行明码标价。甲方所提供的材料均应用于本合同规定的装潢工程，非经甲方同意，不得挪作他用。乙方如挪作他用，应按挪用材料的双倍价款补偿给甲方。
2.乙方提供的材料、设备如不符合质量要求，或规格有差异，应禁止使用。如已使用，对工程造成的损失均由乙方负责。
3.甲方负责采购供应的材料、设备，应该是符合设计要求的合格产品，并应按时供应到现场。如延期到达，施工期顺延，并按延误工期处罚。按甲方提供的材料合计金额的10%作为管理费支付给乙方。材料经乙方验收后，由乙方负责保管，由于保管不当而造成损失，由乙方负责赔偿。

第五条：付款方式

1.合同一经签订，甲方即应付100%工程材料款和施工工费的50%；当工期进度过半（______年________月________日），甲方即第二次付施工工费的40%，剩余10%尾款待甲方对工程竣工验收后结算（注：施工工费包括人工费）。甲方在应付款日期不付款是违约行为，乙方有权停止施工。验收合格未结清工程价款时，不得交付使用。
2.工程施工中如有项目增减或需要变动，详见本合同附件，双方应签订补充合同，并由乙方负责开具施工变更令，通知施工工地负责人。增减项目的价款，当场结清。
3.甲方未按本合同规定期限预付工程价款的，每逾期一天按未付工程价款额1%支付给乙方。

第六条：工程工期

1.如果因乙方原因而延迟完工，每日按工费的1%作为违约金罚款支付给甲方，直至工费扣完为止。如果因甲方原因而延迟完工，每延迟一日，以装潢工程价款中人工费的1%作为误工费支付给乙方____________元。
2.由甲方自行挑选的材料、设备，因质量不合格而影响工程质量和工期，其返工费由甲方承担，由于乙方施工原因造成质量事故，其返工费用由乙方承担，工期不变。
3. 在施工中，因工程质量问题、双方意见不一而造成停工，均不按误工或延迟工期论处，双方应主动要求有关部门调解或仲裁部门协调、处理，尽快解决纠纷，以继续施工。
4.施工中如果因甲方原因要求重新返工的，或因甲方更改施工内容而延误工期的，甲方须承担全部施工费用，如因乙方的原因造成返工的，由乙方承担责任，工期不变。
5.施工中，甲方未经乙方同意，私自通知施工人员擅自更改施工内容所引起的质量问题和延误工期，甲方自负责任。

第七条：工程验收

1.工程质量验收，除隐蔽工程需分段验收外，待工程全部结束后，乙方组织甲方进行竣工验收。双方办理工程结算和移交手续。
2.乙方通知甲方进行工序验收及竣工验收后，甲方应在三天内前来验收，逾期视为甲方自动放弃权利并视为验收合格，如有问题，甲方自负责任。甲方自行搬进入住，视为验收合格。
3.甲方如不能在乙方指定时限内前来验收，应及时通知乙方，另定日期。但甲方应承认工序或工程的竣工日期，并承担乙方的看管费和相关费用。

第八条：其他事项

1. 甲方责任：
（1）必须提供经物业管理部门认可的房屋平面图及水、电、气线路图，或由甲方提供房屋平面图及水、电、气线路图，并向乙方进行现场交底。
（2）二次装饰工程，应全部腾空或部分腾空房屋，清除影响施工的障碍物。对只能部分腾空的房屋中所滞留的家具、陈设物等，须采取必要的保护措施，均需与乙方办理手续和承担费用。
（3）如确实需要拆、改原建筑物结构或设备、管线，应向所在地房管部门办理手续，并承担有关费用。施工中如需临时使用公用部位，应向邻里打好招呼。
2.乙方责任：
（1）应主动出示企业营业执照、会员证书或施工资质；如是下属分支机构，也须有上级公司出具的证明；经办业务员必须有法人代表的委托证书。
（2）指派一名工作人员为乙方工地代表，负责合同履行，并按合同要求组织施工，保质保量地按期完成施工任务。
（3）负责施工现场的安全，严防火灾、佩证上岗、文明施工，并防止因施工造成的管道堵塞、渗漏水、停电、物品损坏等事故发生而影响他人。万一发生，必须尽快负责修复或赔偿。
（4）严格履行合同，实行信誉工期，如果因延迟完工，如脱料、窝工或借故诱使甲方垫资，举查后均按违约论处。
（5）在装潢施工范围内承担保修责任，保修期自工程竣工甲方验收入合格之日算起，为期12个月。

第九条：违约责任

合同生效后，在合同履行期间，擅自解除合同方，应按合同总金额的5%作为违约金付给对方。因擅自解除合同，使对方造成的实际损失超过违约金的，应进行补偿。

第十条：争议解决

1.本合同履行期间，双方如发生争议，在不影响工程进度的前提下，双方应协商解决。或凭本合同和乙方开具的统一发票向上海市室内装饰行业协会家庭装潢专业委员会投诉，请求解决。
2.当事人不愿通过协商、调解解决，或协商、调解解决不成时，可以按照本合同约定向仲裁委员会申请仲裁、人民法院提起诉讼。

第十一条：合同的变更和终止

1.合同经双方签字生效后，双方必须严格遵守。任何一方需变更合同的内容，应经双方协商一致后重新签订补充协议。如需终止合同，提出终止合同的一方要以书面形式提出，应按合同总价款的10%交付违约金，并办理终止合同手续。
2.施工过程中任何一方提出终止合同，须向另一方以书面形式提出，经双方同意后办理清算手续，订立终止合同协议后，可视为本合同解除，双方不再履行合同约定，不再享有权利义务。

第十二条：合同生效

1.本合同和合同附件向双方盖章，签字后生效。
2.补充合同与本合同具有同等的法律效力。
3.本合同(包括合同附件、补充合同)一式贰份，甲乙双方及见证部门各执壹份。

甲方（业主）：（签章）	乙方：（签章）
住所地址：	企业地址：
邮政编码：	邮政编码：
工作单位：	法人代表：
委托代理人：	委托代理人：
电　话：	电　话：
签约地址：	签约日期：

WGF－2007－0108

××地区住宅室内装饰装修工程施工合同

发包方(甲方)：________________

承包方(乙方)：________________

资 质 等 级：________________

合 同 编 号：________________

武汉建筑装饰协会
联合监制
武汉市工商行政管理局

←各地区的装修合同不尽相同，都有各自的封面设计，但是各个地区的合同标准是相同的，都是为了保护签约双方的合法权益。

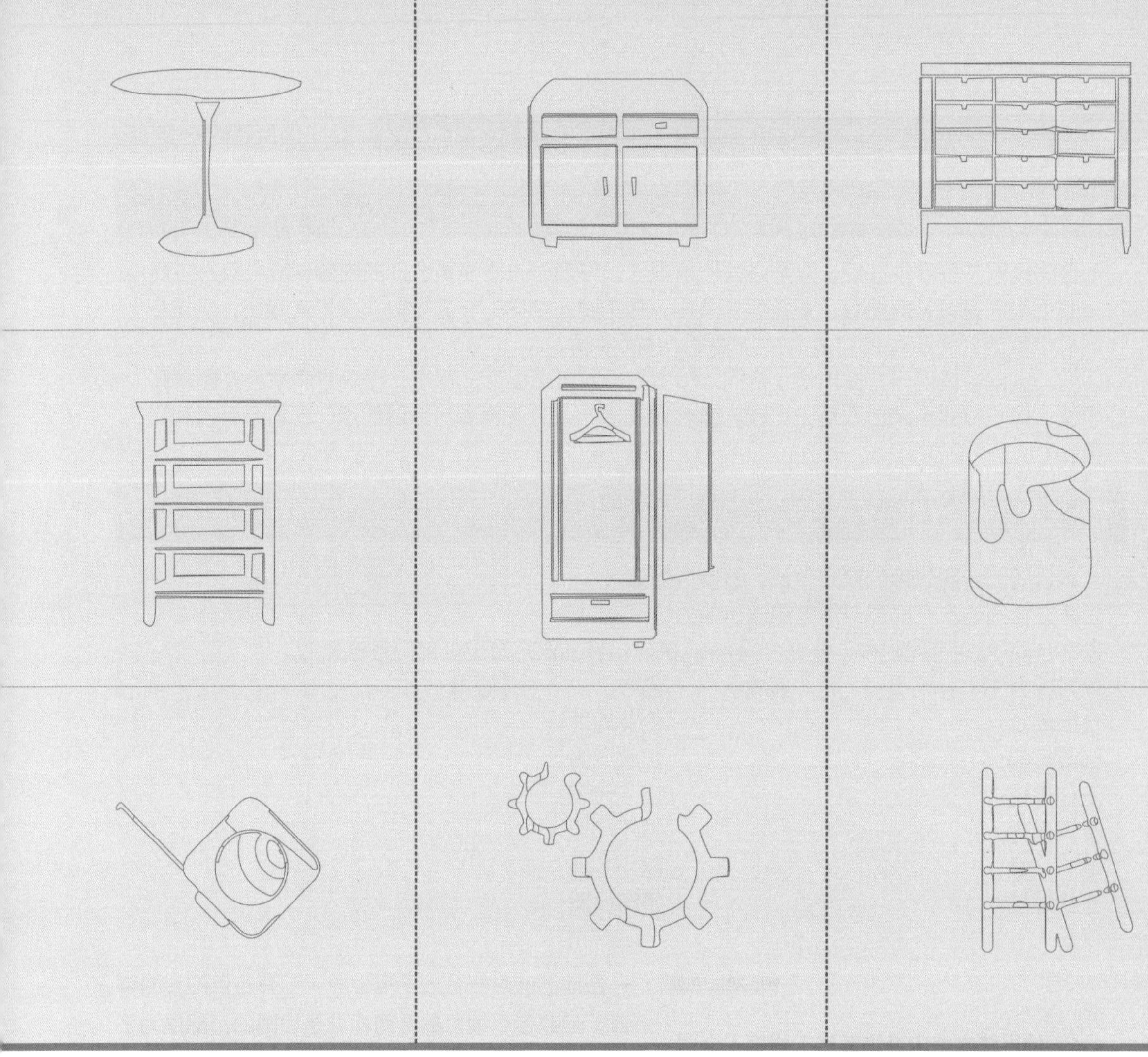

全屋定制家具的材料选择一直是令消费者头疼的事情，材料的安全、环保与价格等因素困扰着消费者，家具的主材、配件以及常规五金件都是需要消费者依据自身的需求进行选择，通过对材料的解析可以让消费者挑选到自己称心的家具材料，创造出美好的家居生活。

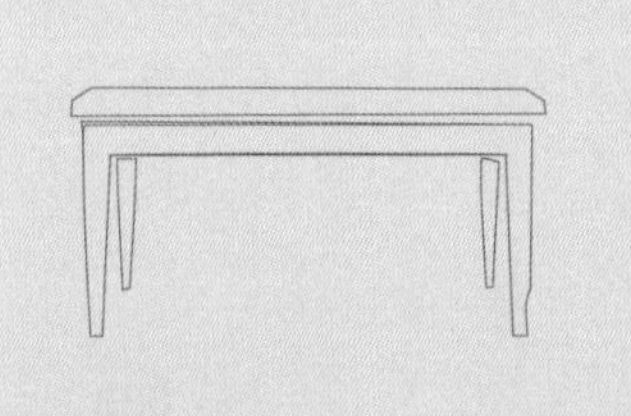

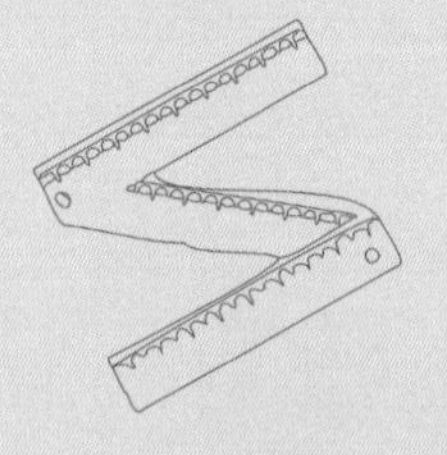

Chapter 4
全屋定制家具材料剖析

识读难度：★★★★☆

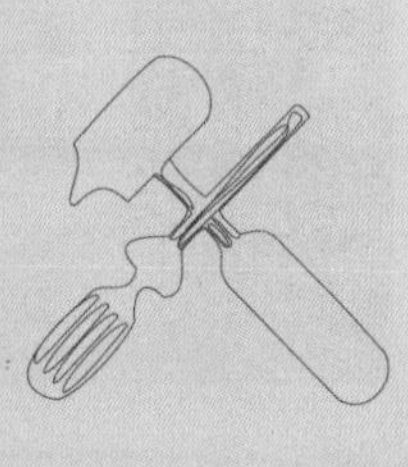

4.1 家具主体构造与分类

众所周知，家具的基本构造是由木材切割制作而成。不同的材料在价格、制作工艺、环保性能以及使用寿命上各有差异，了解定制家具需要使用的材料，顾客可以根据自己的预算进行合理的选择，不再盲目的听从销售人员的建议，常用的家具主体板材有以下几种。

1. 实木

实木大多具有天然木材的清香，坚固耐用、纹路自然，是制作高档家具的优质板材。良好的透气性不会对环境造成污染，有益人体健康。全屋定制家具在制作设计时也会采用实木。由于实木板类板材造价高，而且施工工艺要求高，在装修中使用反而并不多。

↑实木带有天然的木材清香，纹路清晰，承重性与环保性是同类产品中最好的。

↑一般会将板材放在干燥房进行干燥处理，减少材料的变形。

←运用实木做家具瞬间提升了家具档次，良好的产品性能是众多消费者喜爱的因素，但价格略高。

2. 刨花板

刨花板也称微粒板、颗粒板、蔗渣板、碎料板，是木材或其他的纤维素材料的边角料经切碎、筛选后拌入胶料、防水剂等热压作用下胶合成的一种人造板材。刨花板尺寸规格厚度为1.6～75mm，以19mm为标准厚度，常用厚度为13mm、16mm、19mm三种。

↑从原材料上可以看出刨花板的边缘十分的粗糙，但板材内部结构比较均匀。

↑不同规格的刨花板有不同的厚度，图中的板材厚度是定制家具的常用厚度。

刨花板的内部是交叉错落结构的颗粒状，所以它的各个方向的性能基本差不多，横向承重力比较好，表面很平整，可以根据需要加工成大幅面的板材，是制作板式家具的较好原材料。制成品的刨花板不需要再次干燥，可以直接使用，吸声和隔声性能也很好。生产刨花板的过程中，用胶量非常小，所以环保系数相对比较高。产生的粉尘较大，不宜现场制作。且内部为颗粒状结构，不易于铣型。

←刨花板的表面平整，可进行各种贴面操作，满足消费者的个性需求。

3. 禾香板

“零境界禾香板”是中国第一张不释放甲醛的一种新型生态、环保的人造板材，使消费者避免了甲醛危害身体健康。首先，禾香板是以农作物秸秆碎料为主要原料，施加MDI胶及功能性添加剂，经高温高压制作而成的一种人造板。其次，其板面不仅平整光滑、结构均匀对称、板面坚实，具有尺寸稳定性好、强度高、环保、阻燃和耐候性好等特点，采用的秸秆纤维原料表面具有大量的天然蜡质层，因此起到了类似防潮板中石蜡添加剂的防潮、防水功能。适合于做各种表面装饰处理和机械加工，特别是异形边加工，与刨花板比较具有明显优势，可广泛代替木质人造板和天然木材使用。

↑利用MDI生态黏合剂替代脲醛树脂，与农作物秸秆发生化学反应制成禾香板，且不释放甲醛。

↑将禾香板运用到家具板材设计中，能有效地避免甲醛带来的危害。

MDI胶是一种应用广泛的前沿高分子合成原料，其优异的安全性和稳定性，甚至可以用于人造血管、心脏瓣膜、冰箱内胆、莱卡纤维等安全要求极高的领域。禾香板从源头杜绝甲醛释放。一般板材的甲醛来源主要是生产过程中使用的胶合剂，所有普通胶都是以甲醛为原料合成的，每制造一张标准板材，需用4kg左右甲醛。而禾香板的耐用、承重和抗变形能力均达到国家标准，不亚于木质人造板材。它是目前最环保的人造板材。其甲醛释放量为零。禾香板将有望发展成国内外最具市场潜力与产业化前景的产品。

图解小贴士

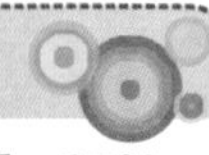

甲醛是一种无色、具有刺激性且易溶于水和乙醇的气体，是分子量最小的醛类物质。35%～40%的甲醛水溶液俗称福尔马林，具有防腐杀菌性能，可用来浸制生物标本，给种子消毒等，但是由于使蛋白质变性的原因易使标本变脆。世界卫生组织国际癌症研究机构（IARC）于2004年明确指出“甲醛致癌”。甲醛被称为居室空间的头号杀手，毒性高易致癌，且易游离，释放周期长达8～15年，对人体尤其是老人、小孩、孕妇等免疫力低下的人群危害更大。

4. 中纤板

密度板是以植物纤维为主要原料，经过热磨、施胶、铺装、热压成型等工序制成。密度板有密度大小之分，分为低密度纤维板（<450kg/m³）、中密度纤维板（500~880kg/m³）和高密度纤维板（>880kg/m³），中纤板就是中密度纤维板。

↑低密度纤维板是密度低于450kg/m³，用于踢脚板、门套板、窗台板。

↑中密度纤维板的密度在500~880kg/m³，常用于制作家具、隔板、背板、抽屉底板。

↑高密度纤维板的密度大于880kg/m³，广泛用于室内外装横、办公、高档家私等。

中密度纤维板是将木材或植物纤维经机械分离和化学处理手段，掺入胶粘剂和防水剂，再经过高温、高压成型制成的一种人造板材，是制作家具较为理想的人造板材。中密度纤维板的结构比天然木材均匀，也避免了腐朽、虫蛀等问题，同时它胀缩性小，便于加工。由于中密度纤维板表面平整，易于粘贴各种饰面，可以使制成品家具更加美观。在抗弯曲强度和冲击强度方面，均优于刨花板。

↑中纤板具有良好的机械加工性能，板的边缘可按任何形状加工，加工后表面光滑。

↑用中纤板制作家具板面平整、不易断裂。柜体高度需尽量控制在2100mm以下。

中纤板表面光滑平整、材质细密，可方便造型与铣型；韧性较好，在厚度较小，如6mm、3mm的情况下，不易发生断裂。

5. 细木工板

细木工板俗称大芯板、木芯板、木工板，是具有实木板芯的胶合板，由两片单板中间胶压拼接木板而成。细木工板在生产工艺中要遵循对称原则，以避免板材翘曲变形。

↑作为一种厚板材，细木工板具有普通厚胶合板的漂亮外观和相近的强度，但细木工板比厚胶合板质地轻、耗胶少、投资省，并且给人以实木感，能满足消费者对实木家具的渴求。一般正规厂家的产品，会有详细的细木工板价格表以供参考，明码统一标价。

↑细木工板的主要作用是为板材提供一定的厚度和强度，使板材具有足够的横向强度，与实木拼板比较，细木工板尺寸稳定，不易变形，有效地克服木材各向异性，具有较高的横向强度。其质轻、易加工、握钉力好、不变形等优点是室内装修和高档家具制作的较理想材料。

←细木工板板面美观、幅面大、使用方便，主要应用于家具制造、门板、壁板等。

6. 多层实木板

多层实木板是胶合板的一种。胶合板，又称夹板，是由木段旋切成单板或由木方刨切成薄木，再用胶黏剂胶合而成的三层或多层的板状材料，通常用奇数层单板，由于多层实木地板纵横交错排列的独特结构，使得它的稳定性非常好。实木多层板适合用作各种家具，环保性比刨花板好。

多层实木板一般分为3mm、5mm、9mm、12mm、15mm和18mm六种规格。3mm的板材用来做有弧度的吊顶。9mm、12mm的多用来做柜子背板、隔断、踢脚线。15mm、18mm的多用来做工程上的脚手板。环保等级达到E1，是目前手工制作家具最为常用的材料。

↑从板材的剖切面可以看出它是由多层的板材胶合而成的实木板。

↑多层实木板具有结构稳定性好，由于纵横胶合，从内应力方面解决了实木板的变形缺陷。

当由于多层实木板具有不易变形的特点及良好的调节室内温度和湿度的性能，面层实木贴皮材料又具有自然真实木质的纹理及手感。另外，多层实木板具有延展性好、不易变形、密度轻、抗拉性好、防水防潮等优点。定制家具企业在生产多层实木板过程中使用优制的优质环保胶、低醛添加，使裸板甲醛含量低于0.3mg/L，使产品的甲醛释放限量达到国家的标准要求，更加绿色环保。因此，备受消费者的青睐。

图解小贴士

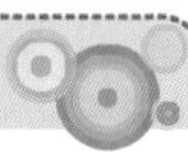

在选择多层实木板时，可以从以下三个方面观察。

1.看板材表面。面层是精选优质木材经过烘干、去脂工序以后切片而成，表面不应有腐朽、死节、虫孔、裂缝、夹皮等缺陷。

2.看含水率。多层实木的含水率一般是5%～14%，太高或太低会出现开裂、变形问题。

3.看胶合性能。胶合质量直接影响家具的效果和寿命，多层实木板采用胶粘剂涂饰板面热压而成。胶合质量可通过浸渍剥离和胶合强度两项性能指标反映其质量，检验其是否环保。

4.2 门板材料

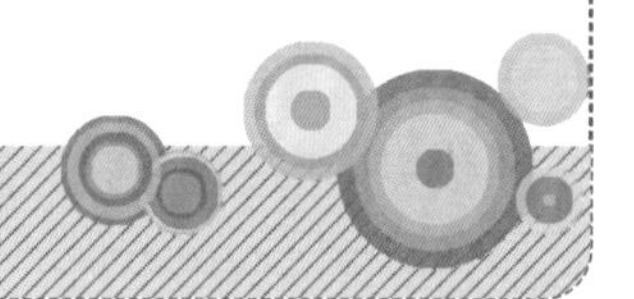

门板相当于人的“脸面”，人与人见面时首先看到的是一个人的外表，那么人们在看到家具时首先看到的是家具的表面，其次才能透过表面看本质，市场上定制家具的门板材料主要有防火板、烤漆板、实木门板、刨花板、模压板、吸塑板等几大类型，不同类型门板拥有各自的优势。

1. 防火板

防火板又名耐火板，学名为热固性树脂浸渍纸高压层积板。防火板是一种高级新型复合材料，又名高压装饰耐火板，是表面装饰用耐火建材，有丰富的表面色彩，纹路以及特殊的物理性能。已成为衣柜市场的主导产品，并被越来越多家庭选择和接受。防火板可以在家装很多地方派上用场，比如台面、家具的表面、楼梯的踏步等，只需把防火板与板材基层压贴紧密在一起即可。其外观花色繁多，有仿木纹、仿石材、金属饰面等，可以展现各种各样的外观效果，不同外观的防火板适合用的场所也有差异。但防火板门板为平板，无法创造凹凸、金属等立体效果，时尚感稍差，但在同类产品中性价比较高。防火板在经过三聚氰胺与酚醛树脂的浸渍，高温高压压制后，它还具备了一般饰面板望尘莫及的特性，如耐磨、耐撞击、耐热、耐酸碱、耐烟灼、防火、防菌、防霉及抗静电等。

↑图纸具有一目了然的优势，将想要表达的家具特征快速的呈现出来。

↑图纸具有一目了然的优势，将想要表达的家具特征快速的呈现出来。

2. 实木门板

实木门板使用实木制作衣柜门板，风格多为古典型，以樱桃木色、胡桃木色、橡木色为主。门芯为中密度板贴实木皮，制作中一般在实木表面做凹凸造型，外喷漆，从而保持了原木色且造型优美。天然的木纹纹理和色泽，加上精美的雕刻工艺，不仅外观华丽，而且款式多样。实木门就是门的整体完全用实木加工而成。它的木纹纹理清晰，具有很强大的整体感和立体感，使人一看上去就倍感舒服，给人返璞归真的感觉。

↑天然的木纹纹理和色泽，给人一种回归自然的感觉。

↑实木门板外观华丽，雕刻精美，而且款式多样。

加工的成品实木门具有不变形、耐腐蚀、无拼接缝以及良好的隔热保温等特点，正因为实木门是由全实木加工而成的，所以它密度高，门板厚重，也正因为如此所以实木门具有良好的吸音性，能有效的起到隔声的作用。但由于实木门是全实木制造有些选材也比较珍贵，所以实木门的价格就高。

←实木门给人以稳重、高贵典雅的感觉，门板质地松软、量轻，不易变形及开裂。

3. 烤漆板

烤漆门板是目前应用最为广泛的橱衣柜门板。烤漆即喷漆后进烘房加温干燥工艺的油漆门板。其优点是色泽鲜艳、视觉冲击力强、表面光洁度好、易擦洗、防水防潮、防火性能较好。它是以密度板为基材，表面经过6~9次打磨、上底漆、烘干、抛光（三底、二面、一光）高温烤制而成。烤漆板可分亮光、亚光及金属烤漆三种。烤漆衣柜门板的好处是可以在面板上做各种图案，色泽鲜艳易于造型，具有很强的视觉冲击力。

↑白色的门板显得整个空间简洁明亮。

↑金色的门板搭配欧式风格的橱柜，尽显豪华。

↑金红色的门板视觉冲击力强，让人第一时间关注到它。

烤漆门板比实木价格低，但是比防火板更具档次。烤漆门板基材为中密度板，但是烤漆门板生产周期太长，工艺水平要求高同时废品率增高，所以价格较高。一旦出现损坏就很难修补，需要整体更换；而且在油烟较多的厨房中烤漆门板易出现色差。

↑烤漆板作为橱柜门板，抗污能力强、容易清理。

↑制作出来的家具色泽较好、贵气十足，给人带来很轻的视觉冲击力。

↑实木贴皮模压门板是指表面贴饰天然木皮如水曲柳、黑胡桃、花梨和沙比利等珍贵名木天然实木皮的模压门板。

↑三聚氰胺模压门板特指表面贴饰三聚氰胺纸的模压门板，这个木板特点是造价相对便宜。

↑塑钢模压门板采用钢板为基材，经花型后制成的PVC钢木门板，所以这种木板适合做室外门。

模压板可以根据消费者的个人喜好着色，非常有个性化。因模压板的价格比较经济实惠，而受到多数中等收入家庭的青睐。模压门有一个致命的缺点就是门是属于空心的，不能磕碰，否则会影响门的使用寿命。

←模压门具有防潮、膨胀系数小、抗变形等特性，质量稳定不易龟裂和氧化变色。

4. 吸塑板

吸塑板是一种无定型、无臭、无毒、高度透明的无色或微黄色热塑性工程塑料。基材一般为密度板、表面经真空吸塑而成或采用一次无缝PVC膜压成型工艺。表面平整度好，容易做造型，用雕刻镂铣图案成型后，图案多种多样且具有立体感，并且具有优良的物理机械性能和良好的耐热性和耐低温性。

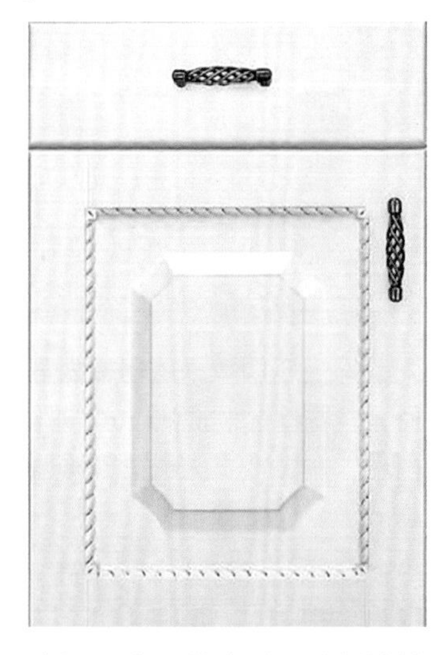

↑板面容易做造型，雕刻镂铣后的图案在视觉上立体感强。

↑板面的单色色度纯度高，可供选择的门板色彩丰富。

↑板面光泽度高，能够与多种家居风格的进行搭配。

吸塑型门板色彩丰富，木纹逼真，单色色度纯艳、不开裂不变形，耐划、耐热、耐污、防褪色，是最成熟的橱柜门板材料，而且日常维护简单。由于经过吸塑模压后能将门板四边封住成为一体，也不需要封边，解决了有些板材年久开胶和易受水浸蚀等问题，在外观上，吸塑板适合做欧式和田园风格的家具设计。

↑无色差的板面与田园风格搭配的家具，更显朴实、自然。

↑精美雕饰的门板与欧式奢华大气的风格浑然一体。

5. 模压板

模压板一直是欧洲厨房和卫生间、浴室等家具门板的主流材料，我国从1997年开始陆续有企业开始在产品中使用。良好的物理性能使模压板成为浴室、厨房、卫生间的主流板材。吸塑门板常用规格厚度为0.15mm～0.45mm。质量好的吸塑门板基材不易变形，且环保性能良好，外观细腻、耐磨、耐刮、耐高温，具有阻燃性能。

↑模压板的防潮、防水、抗静电等特点使浴室远离了发霉长斑的噩梦。

↑吸塑板解决了板材因年久开胶和易受水浸蚀等问题，满足了消费者在板材方面的个性需求。

消费者在挑选定制家具的门板材料时一定要擦亮眼睛，防止上当受骗。合理的挑选板材与选择优秀的家具设计师，小家一样可将功能实现到最大化。

图解小贴士

门板材料的优点与缺点对比

类型	优点	缺点
防火板	图案清晰、效果逼真、立体感强，耐火阻燃、保温隔热	无法创造凹凸、金属等立体效果
实木门板	外观华丽、雕刻精美、款式多样	原料价格高、工艺复杂、价格昂贵
烤漆板	表面光洁度好、易擦洗、防水、防潮、防火性能较好	价格高、制作工期长、耐磨性能欠佳
模压板	色彩丰富、无须封边操作、防水性能好、环保、造型和色彩纹理多样	板内空心、不能长时间湿水
吸塑板	外观细腻光滑、耐磨、耐刮、耐高温	易开裂，抗溶剂性差，耐磨性差

4.3 饰面材料

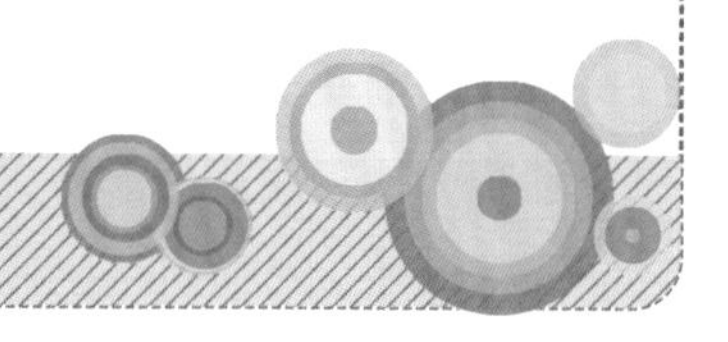

饰面板是在做各类家具时，木工板做成基本造型之后在表面贴的一种上油漆的面板。饰面板(wood veneer)，全称为装饰单板贴面胶合板，它是将天然木材或科技木刨切成一定厚度的薄片，粘附于胶合板表面，然后热压而成的一种用于室内装修或家具制造的表面材料。常见的饰面材料分别有三聚氰胺、实木皮、实木薄板、波音软片和防火板等饰面。

1. 三聚氰胺饰面

将装饰纸表面印刷花纹后，放入三聚氰胺树脂胶粘剂中浸渍，制作成三聚氰胺饰面纸，再经高温热压在板材基材上。由于它对板材的基材表面平整度要求较高，故通常用于刨花板和中密度纤维板的表面饰面。经过三聚氰胺压贴饰面的此类板材通常称为三聚氰胺板，也称双饰面板、免漆板、生态板。

三聚氰胺饰面纸比传统的木材贴面更环保，不含甲醛，花色多变又具有耐磨、耐腐、耐热、耐刮、防潮等优点，是全球性的板式家具主要生产材料，常应用于家具的面板、柜面、柜层面等装饰上。

↑经过防火、抗磨、防水浸泡处理的三聚氰胺饰面，颜色较为鲜艳、更加耐磨、耐高温。

↑加工后的饰面可以运用在书桌、书柜家具表面，环保性能好。

首先，三聚氰胺饰面按基材种类可以分为三聚氰胺中纤板、三聚氰胺刨花板、三聚氰胺防潮板、三聚氰胺多层夹板和三聚氰胺细木工板，目前市场上后两种又统称为生态板；其次，按厚度分类可以分为2.5mm、3mm、4mm、5mm、6mm、7mm、9mm、12mm、15mm、16mm、18mm和25mm；再次，按饰面效果分类分为浮雕、绒面、麻面、亚光、仿真纹、同步压纹、皮纹、瓦纹、横纹、皮创一格、米兰方格等，最后，按用途分类分为衣柜板材、橱柜板材、生态门板材、室内装修等。

2. 波音软片饰面

波音软片是一种比较薄的装饰纸，又名猫眼纸饰面，材质多为PVC，采用白乳胶贴于家具表面后用油漆封闭。因其易于铣型与造型，所以主要用于中密度纤维板的表面饰面。是一种新型的环保产品，特点是仿木质感很强，可取代优质的原木，同时因表面无须油漆而不存在化学污染，避免了传统装饰给人们带来的种种不适和家庭装修后的各种异味，使人们远离污染，轻松入住，因此成为代替木材的最佳产品。当它覆盖在人工板材上后，能有效抑制板材内的有害物质的挥发。板材表面粗糙的感觉在经过波音软片处理后，整洁光滑，存放任何软织物都会轻松自如。

↑采用耐磨性油墨印刷，同时表面覆有保护膜，不腿色，不易刮花。在施工过程中，在波音软片上面刨、修边、锯等都可以完好无损。

↑经过波音软片装饰后板材的家具具有美丽的纹理，给人一种自然舒适的感官享受，浑然天成的效果。

←经过波音软片装饰后的板材制作的家具易于打理，时常擦洗即可保持表面干净。

3. 实木皮饰面

实木皮饰面是将实木皮用高温热压机贴于中密度纤维板、刨花板和多层实木板上、成为实木贴皮饰面板。因木皮有进口与国产之分，还有名贵木材与普通木材之分，可选择范围较大，所以根据实木皮的材质种类及厚度区分实木贴皮饰面板档次的高低。实木贴皮板表面须做油漆处理。因贴皮与油漆工艺不同，同一种木皮亦可做出不同的效果，因此实木贴皮对贴皮及油漆工艺要求较高。

↑实木皮饰面是一层薄薄的层板，木材的自然纹理、手感及色泽都和实木家具一样。

↑实木皮饰面显示出实木的木纹、颜色，看起来比较高档、大气。

常见的是密度板贴上高档木材的木皮，显出实木天然颜色与木纹，做出实木的效果，以假乱真。贴的木皮分薄皮和厚皮两种，薄皮易透底、效果差，厚皮质感强、效果好。实木贴皮板因其手感真实、自然、档次较高，是目前国内外高档家具采用的主要饰面方式、但材料及制造成本较高。

↑实木皮饰面在外观上有实木家具的自然亲近感，而且不容易变形。

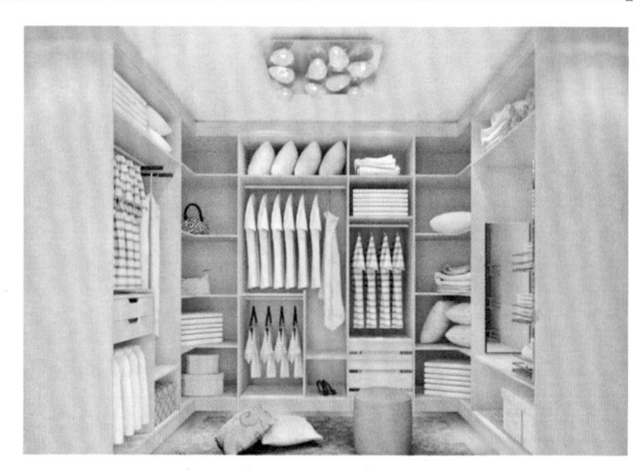

↑根据不同的需求，可以选择不同颜色、花纹的饰面，达到实木般的效果。

4. 防火板饰面

防火板是一种高级新型复合材料、又名高压装饰耐火板，学名为热固性树脂浸渍纸高压层积板，有丰富的表面色彩、纹路以及特殊的物理性能。一般是由表层纸、色纸、基纸（多层牛皮纸）三层构成。表层纸与色纸经过三聚氰胺树脂浸泡晾干，再经过高温高压成型，具有耐磨、耐划、耐高温浸泡等物理性能，多层牛皮纸使耐火板具有良好的抗冲击性、柔韧性。部分防火板加温后可以弯曲。一般粘贴在人造板材或木材的表面。

↑防火板饰面有单层与多层之分，消费者可以根据自身的要求选择。

↑防火板是厨房厨具饰面的好材料，良好的物理性使它被越来越多家庭追捧。

5. 实木薄板饰面

实木薄板饰面在进行贴面之前需将表面进行油漆处理，然后用胶水贴于基板之上。主要用于现场木式手工制作的木作部分表面饰面。由于在粘接时所用万能胶水用胶量非常大、味道十分刺鼻，环保性能较差。实木薄板饰面通常用作护墙板、踢脚线等。

↑实木薄板饰面用作护墙板，提升了整个居住空间的档次。

↑实木薄板饰面优美的线条与色泽，与整个家居环境和谐统一。

4.4 常用五金配件

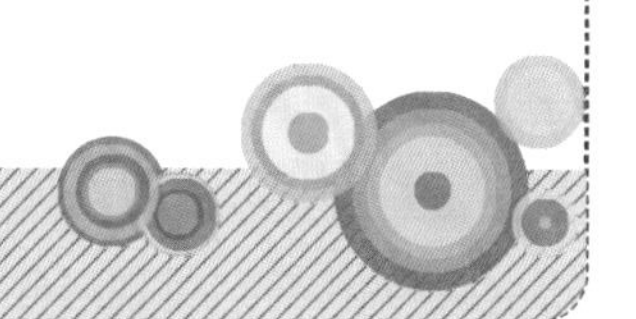

五金配件指用五金制作成的机器零件或部件，以及一些小五金制品。它可以单独使用，也可以做协助用具。例如五金工具、五金零部件、日用五金、建筑五金以及安防用品等。家具制作离不开五金配件，五金配件是连接家具的重要构件，能使家具更加的坚固耐用。家具五金配件泛指家具生产、家具使用中需要用到的五金部件。如沙发脚、升降器、靠背架、弹簧、枪钉、脚码、连接、活动、紧固、装饰等功能的金属制件，也称家具五金配件。全屋定制家具是利用各种五金连接件将板式部件有序地连接成一体，具有结构简洁、接合牢固、拆装自由、包装运输方便、互换性与扩展性强等特点，深受广大消费者喜爱。随着近年来家具现代化、个性化的发展步伐，人们对家具的需求也已经从最原始的收纳功能慢慢转向对精致生活的体验需求，对家具的品质关注也开始从板材、环保慢慢转向了五金配件，因此，在未来一段时间内，家具五金配件将成为家具整体品质的最关键因素。

1. 锁

随着科技的发展，锁的存在形式和使用方式都发生了很多变化。抽屉锁是锁头单独作用，用一把锁锁一个空间、是市面上最常见的加锁形式，锁头按锁舌形状分为方舌锁和斜舌锁。其次，连锁系统。是在多屉柜中、常采用一种连锁系统、也称中心式锁紧系统。它利用导轨上多个制动销分别锁紧各抽屉，而又只用一个锁头、一次锁多个抽屉。连锁有两种安装形式，一种是将锁头在抽屉正面、导轨装在旁板上、即正面锁。另一种是锁头与导轨同时装在旁板上、即侧面锁。柜门锁可以通用于单双门。柜锁的安装、只需在门板面板上开直径20mm的圆孔、用螺钉固定。柜门锁与抽屉锁一样。

↑门锁是家具抽屉的主要闭合方式，具有防盗功能。

↑在抽屉上安装锁具是家具设计中的常用手段，能有效地防止贵重物品丢失。

2. 五金拉手

拉手在家具橱柜、衣柜中运用最为广泛。可以嵌入新近流行元素的高档橱柜配件，用全新的工艺制作，以艺术品的标准生产，经过电镀流行仿古、时尚颜色而成。拉手具有装饰作用，但最主要的作用还是拉合作用。拉手的款式有欧式风格、田园风格、陶瓷系列、卡通小拉手等。

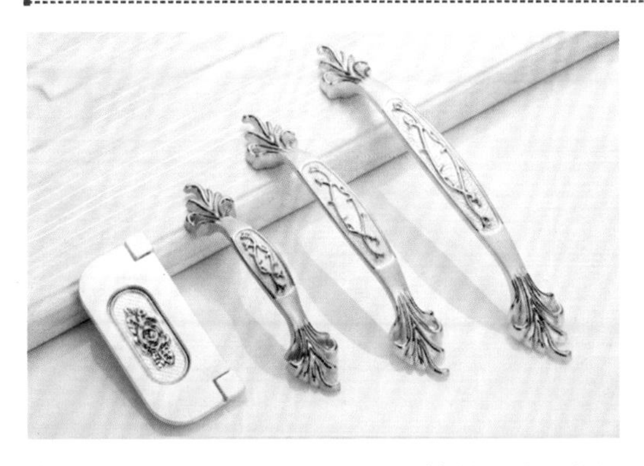

↑欧式风格的拉手的样子雕刻很精美，造型也很华丽。

↑田园风格的拉手带有复古的气息，与木质家具搭配十分质朴自然。

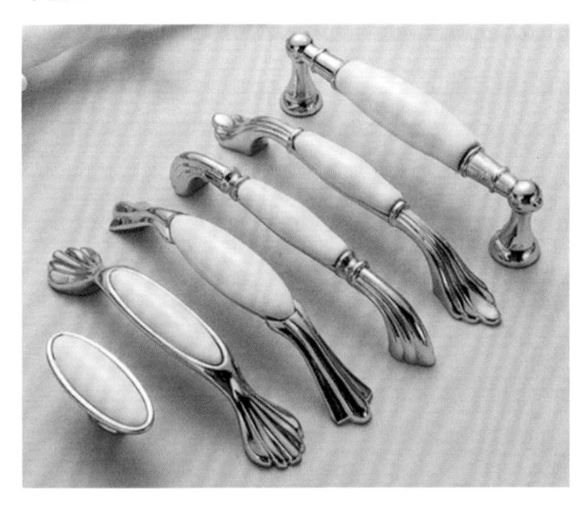

↑陶瓷系列的拉手光滑细腻，可以与多种家具风格搭配，较为百搭。

↑卡通小拉手适合安装在儿童房，艳丽的色彩、奇特的造型深受孩童喜爱。

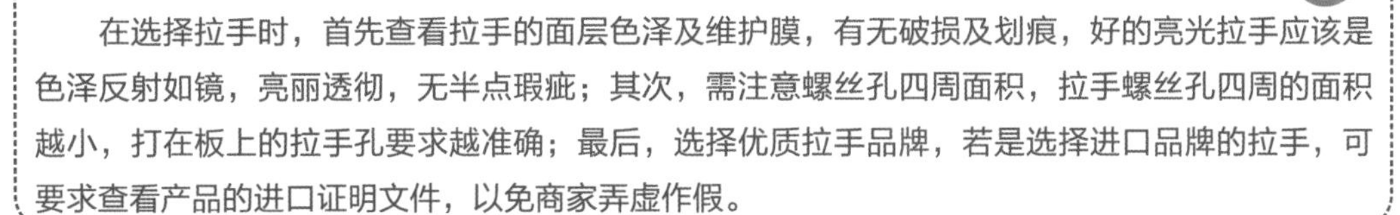

图解小贴士

在选择拉手时，首先查看拉手的面层色泽及维护膜，有无破损及划痕，好的亮光拉手应该是色泽反射如镜，亮丽透彻，无半点瑕疵；其次，需注意螺丝孔四周面积，拉手螺丝孔四周的面积越小，打在板上的拉手孔要求越准确；最后，选择优质拉手品牌，若是选择进口品牌的拉手，可要求查看产品的进口证明文件，以免商家弄虚作假。

3. 挂架

可能很多人在选购衣柜的时候，会忽略衣柜挂架，但其实我们最后使用衣柜时，反而天天都会从挂架上取挂衣服，材料不够好的话用久了说不好还可能会有点问题，所以挂架也是一个值得关注的点。在衣柜中安装挂架，可以有效的合理利用柜内空间，将衣柜收纳得整整齐齐。从装修成本上来说，因为定制家具的板材是按面积的立方计算的，层板的五个面的总面积，“少做层板，多做挂架”一是实用，对于上班族来说，挂衣服比叠衣服更加方便快捷。二是价格较为划算，板材的综合价格比挂架要高。

↑不少精美的挂架可以为家具增加设计感，并且价格更实惠。

↑转角旋转衣架，可以将转角的空间利用起来，使用更方便。

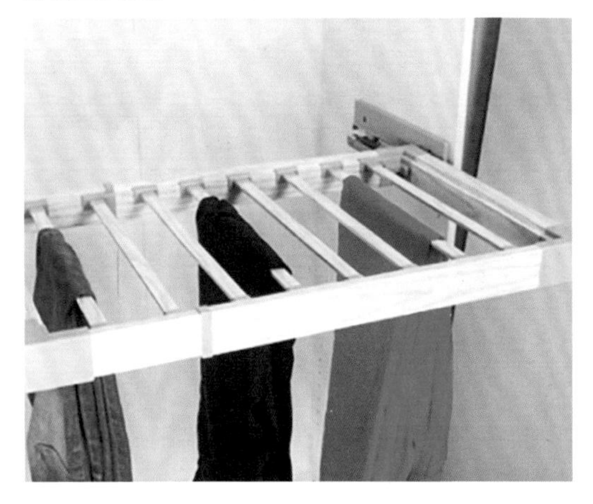

↑隐形的设计，不用时随便可以推进去，简单的收纳不占空间。

↑小型的侧面挂架。可以将领带、围巾、皮带挂起来，方便拿放。

我们在选购的时候要选购符合国家电镀工艺标准的五金挂件，这种优质挂件其表面光泽亮丽、视感厚实，结构紧密、镀层均匀。选择质量好的品牌挂架能够保障我们长期安全使用。

4. 三合一连接件

柜体板件的主要连接件、俗称三合一，用于板式家具板与板之间的垂直连接，一些特殊的连接件可以实现两板的水平连接，以及三板交互连接，一般用于中密度板、高密度板、刨花板。三合一连接件是指三个连接部件，分别为偏心头、螺栓、预埋螺母。偏心头的材质一般有锌合金、铝合金。螺栓又称为连接杆，材质一般有铁质、锌合金、铁＋塑料三种材质。螺母的材质以锌合金、塑料、尼龙的最为常见，三种材质各有所长，消费者可根据不同需求选择不同的材质。

←白色的塑料是预埋螺母，黑色的是连接杆，圆形铁件是偏心头。

三合一连接件的出现，使得家具在拆装方面，实现了家具由以前的上门制作、小规模作坊的运作模式发展成定制生产，在家里组装的运营模式，即大大降低了家具的运输成本，又实现了家具的规模化、工业化、标准化的发展。

↑三合一连接减少了黏合剂的使用，其次是需要钉家具后板之后才能够变稳。

↑将预埋件完全融入板内，从外表面看不到三合一连接件，且不易出现缝隙。

5. 铰链

铰链又称合页，是用来连接两个固体并允许两者之间做相对转动的机械装置。铰链可由可移动的组件构成，或者由可折叠的材料构成。合页主要安装于门窗上,而铰链更多安装于橱柜上，担负着连接柜体和门板的重要责任，在平时衣柜使用五金铰链中，经受考验最多的就是铰链。所以，也是橱柜最重要的五金件之一。其缺点是不具备弹簧铰链的功能、安装后必须再装上各种碰珠、否则风会吹动门板。

↑这一款是生活中较为常用的合页，款式比较的传统。

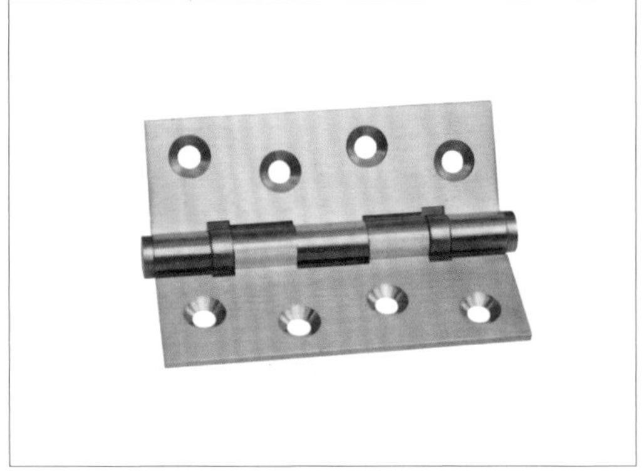

↑合页将两块板面连接起来，让两者之间做转动的机械装置，主要运用在房间门上。

液压铰链是铰链的一种，又称阻尼铰链，是指在提供一种利用高密度油体在密闭容器中定向流动，达到缓冲效果，是理想的一种消声缓冲铰链。其特点是在柜门关闭时带来缓冲功能，最大程度地减小了柜门关闭时与柜体碰撞发出的噪声。适用于衣柜、书柜、地柜、电视柜、橱柜、酒柜、储物柜等家具的柜门连接。

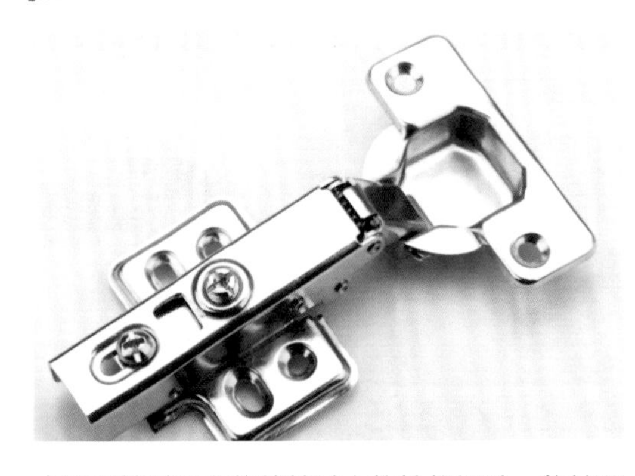

↑液压铰链是在传统铰链上的性能提升，能够最大程度减小关闭柜门时发出的声音。

↑当门关闭角度逐渐变小，液压铰链的复位弹簧所产生的回复扭力也会随之递减。

玻璃门铰是连接柜板与玻璃门，并能使之活动的连接件，其工作原理与合页类似。

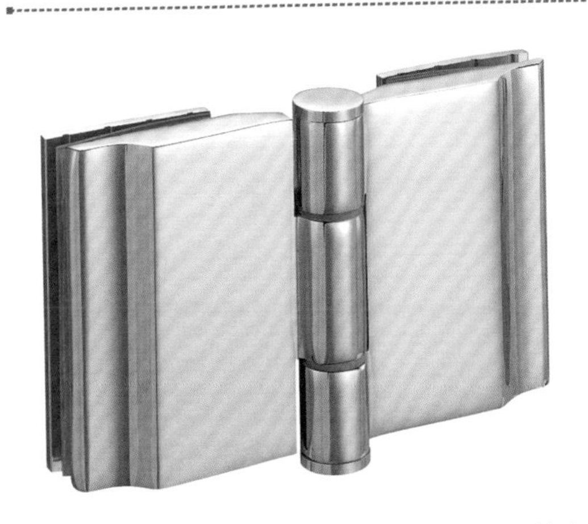

↑玻璃门铰表面平滑，可安装与带有玻璃门的家具上，比其他的铰链更为美观。

↑玻璃门铰是专门连接玻璃与玻璃、玻璃与柜板的连接件。

弹簧铰链由可移动的组件或者可折叠的材料构成。铰链分全盖（或称直臂、直弯）、半盖（或称曲臂、中弯）、内侧（或称大曲、大弯）。直角的铰链可以让门完全遮挡住侧板；半弯的铰链可以让门板遮住部分侧板；大弯的铰链可以让门板和侧面板平行。从材质上分，可以分为镀锌铁、锌合金。从性能上分，可以分为需打洞和不需打洞两种。

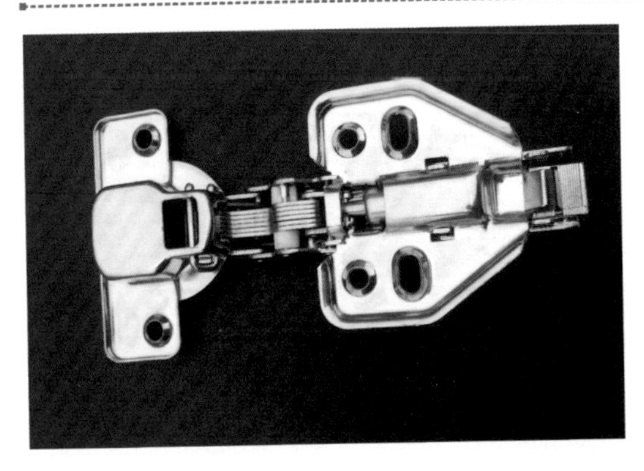

↑弹簧铰链附有调节螺钉，可以上下、左右调节板的高度、厚度。

↑弹簧铰链主要用于橱门、衣柜门，它一般要求板厚度为18~20mm。

图解小贴士

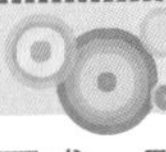

铰链质量差的柜门用久了就容易前仰后合、松动下垂。劣质铰链一般是薄铁皮焊制而成，几乎没有回弹力，长时间使用会失去弹性，导致柜门关不严实，甚至开裂；质量好的铰链在开启柜门时力道比较柔和，关至15° 时会自动回弹，回弹力非常均匀。

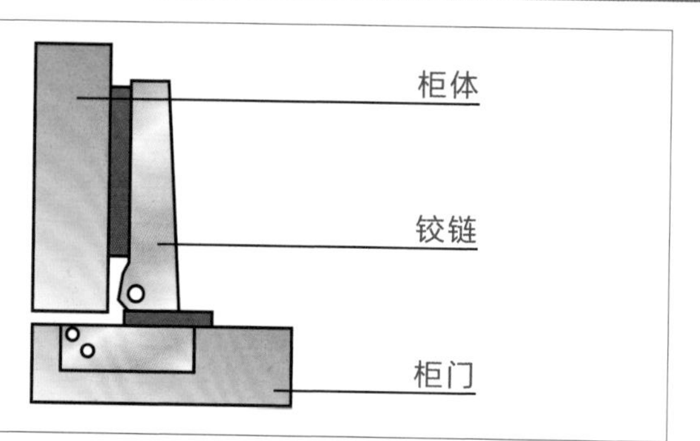

←全遮铰链，又称为直角铰链，用于家具柜体靠边的柜门安装，柜门安装后能完全遮挡住柜体垂直板材。

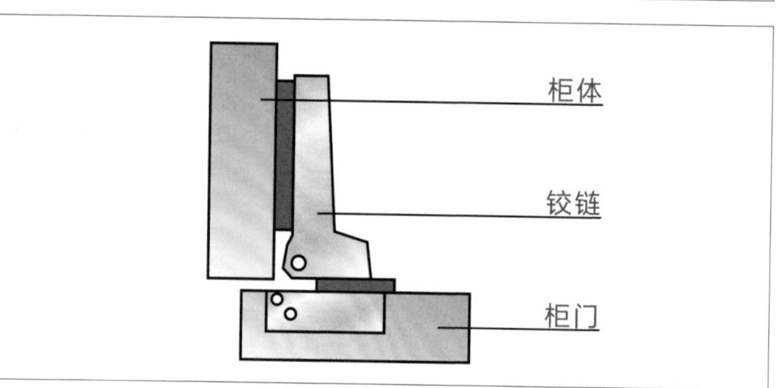

←半遮铰链，又称为中弯铰链，用于家具柜体中央的柜门安装，柜门安装后能遮挡住一半柜体垂直板材。

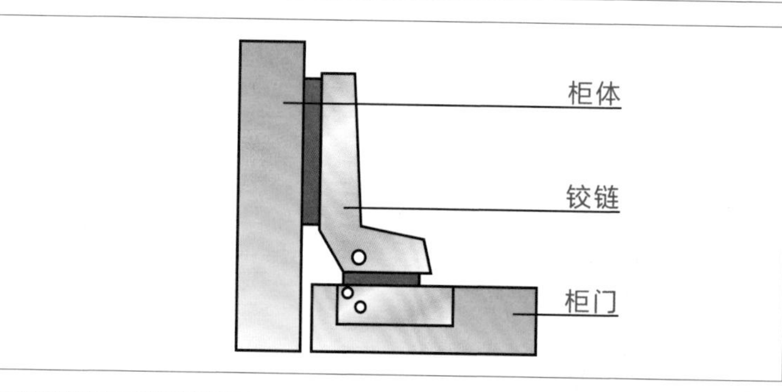

←内藏铰链，又称为大弯铰链，用于家具柜体内部柜门安装，柜门安装后，柜门表面与柜体垂直板材表面平行。

图解小贴士

铰链选购方法：

1.看材质掂重量。铰链质量差，柜门用久了就容易前仰后合，松动下垂。大品牌的橱柜五金件几乎都使用冷轧钢，一次冲压成型，手感厚实，表面光滑。由于表面镀层厚，不易生锈，结实耐用，承重能力强，而劣质铰链一般是薄铁皮焊制而成，几乎没有回弹力，用的时间稍长便会失去弹性，导致柜门关不严实，甚至开裂。

2.体验手感。优劣不同的铰链使用时手感不同，质量过硬的铰链在开启柜门时力道比较柔和，关至15°时会自动回弹，回弹力非常均匀。

3.观细节。优质的衣柜五金使用的五金件手感厚实，表面光滑，在设计上甚至达到了静音的效果。劣质五金件一般使用薄铁皮等廉价金属制成，柜门拉伸生涩，甚至有刺耳的声音。

6. 滑轨

如果说铰链是橱柜的心脏，那么滑轨就是肾脏。那些大大小小的抽屉能否自由顺滑地推拉、承重如何，全靠滑轨的支撑。滑轨又称导轨、滑道，是指固定在家具的柜体上，供家具的抽屉或柜板出入活动的五金连接部件。滑轨在定制家具中最常用的为抽屉导轨及门滑道，其他场合如试衣镜也会用到滑轨。

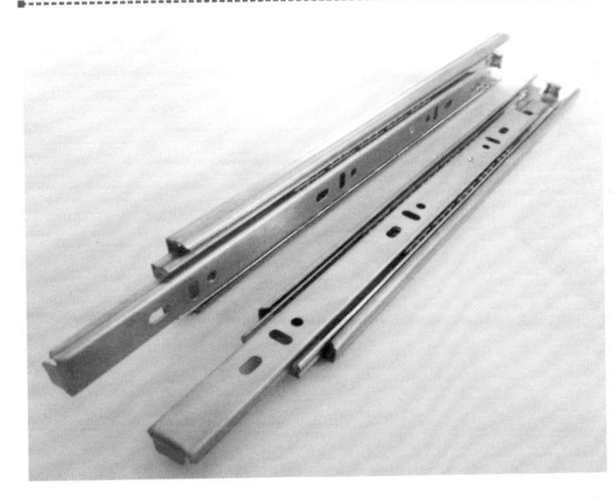

↑抽屉导轨是供抽屉运动的、通常为带槽或曲线形的导轨、常装有球式轴承。

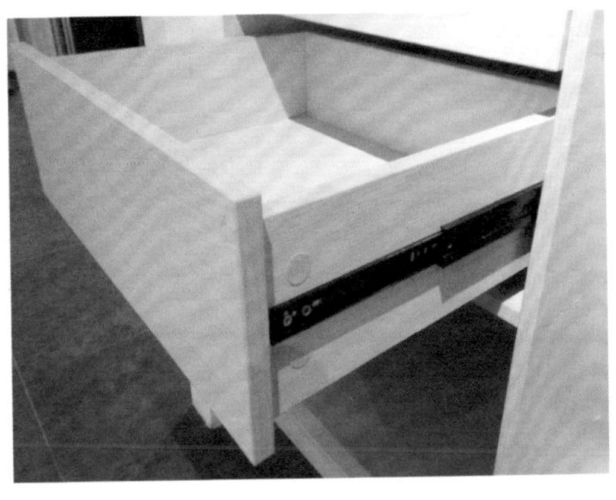

↑这个抽屉的设计，导轨保障了这个抽屉的正常运行轨迹。

移动柜门能够有效节省家庭空间，尤其适合在小空间中使用，只是在使用一段时间之后，原本光滑的移门推拉时特别不顺畅，很可能出现拉不动的状况，那么为什么会出现这种情况呢？首先，因为滑轮承重及移动、使用次数多了，就会出现磨损或出现移动不顺或者跳轨现象。因此，选择滑轮的材质很重要。滑轮的材质决定了滑动时的舒适度。

←门滑道柜门是家具中活动得比较多的部件，其配套的滑道起到非常重要的作用。

7. 磁碰

磁碰常见用于家具柜门，如衣柜、储物柜等。其作用原理是利用有磁性的两部分相互吸引从而牢固结合达到锁紧的作用。

←利用磁碰的磁性原理，将家具柜门锁紧，一般安装在柜门内侧的顶板上面。

8. 气动支撑杆

气动支撑杆用于构件提升、支撑、重力的平衡和代替精良设备的机械弹簧等。利用气压杆原理，起到升降的作用。气动系列气弹簧以高压惰性气体为动力，在整个工作行程中支承力是恒定的，并具有缓冲机构，避免了到位的冲击。

↑气动支撑杆是利用气压杆的气体进行操作的设计。

↑气动支撑杆常用于气压床，打开与关闭都很省力。同时可以合理的使用床板下面的空间。

全屋定制衣柜中的五金配件一般用于板材之间的连接，或者用来移动柜门，当五金件的质量不过关时容易生锈或断裂，生锈的五金件也会对板材造成影响，不达标的五金件对人的身体是有危害的。

4.5 定制家具装饰线条

定制家具要与室内环境完美融合，需要使用装饰线条。装饰线条一方面起到收口的作用，使家具与墙体无缝连接；另一方面起到装饰美观的作用，突出家具的风格、外观，增强其装饰性。装饰线条主要用于各种收边、压条、窗帘盒、门饰、电视背景墙、沙发背景墙、床头背景墙、楼梯、天花板吊顶、角线等，装饰线条按材质可以分为木线条、不锈钢线条、铝合金线条、塑料装饰线条和石材线条等五大种类。

↑装饰线条可以美化家具外观、优化家具缝隙，为良好的家居环境增添一份美好。

1. 木线条

木线条应表面光滑，棱角、棱边及弧面、弧线既挺直又轮廓分明，是加工性质良好且钉着力强的木材，经过干燥处理后，用机械加工或手工加工而成。木线条在室内装修中用途十分广泛。可油漆成各种色彩或用木纹本色进行对接拼接以及弯曲成各种弧线。中式家具讲究对称、稳重，造型简朴优美、格调高雅、其装饰线条多用木线条，造型简单。

↑木线条具有良好的轮廓性、加工性能且色泽优美。

↑经过木线条装饰的展示柜，立体造型更加别致。

2. 不锈钢线条

不锈钢线条表面光洁如镜，具有耐腐蚀、耐水、耐擦、耐气候变化等特点。不锈钢线条的装饰效果好，属高档装饰材料，可用于各种装饰面的压边线、收口线、柱角压线等处，在现代主义风格家具中对部分家具进行收边装饰设计。

↑不锈钢外观光滑且硬度高，不易出现破损。

↑用不锈钢线条装饰的家具线条更为流畅。

3. 铝合金线条

铝合金线条是用纯铝加入锰镁等合金元素后挤压而成的条状型材。铝合金线条具有轻质、高强、耐蚀、耐磨、刚度大等特点。其表面经阳极氧化着色处理后具有鲜明的金属光泽，且耐光和耐气候性能良好。其表面还可涂上透明的电泳漆膜，涂后更加美观、实用。在家具设计中，铝合金线条多用于家具的收边装饰，如厨房踢脚板、浴室防水条等细节设计上。除此之外，在玻璃门的推拉槽、地毯的收口线上也被广泛应用。

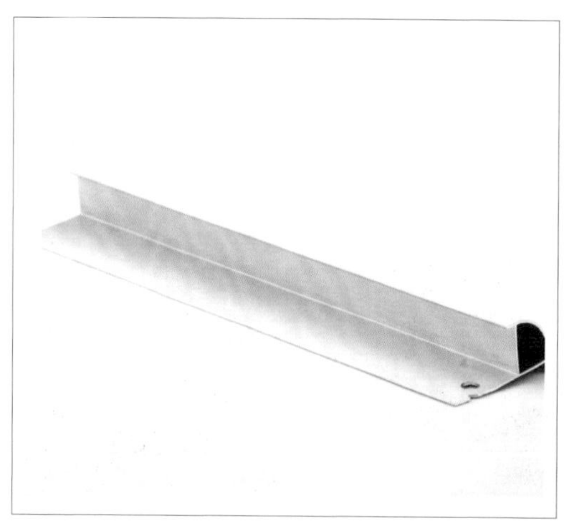

↑经过加工后的铝合金线条更加坚固耐用，物理性能更强大。

↑铝合金线条应用于厨房踢脚板收边设计上，增强了橱柜的使用功能。

4. 塑料装饰线条

塑料装饰线条是用硬聚氯乙烯塑料制成的，其耐磨性、耐腐蚀性、绝缘性较好，经加工一次成形后，不需再经装饰处理。塑料装饰线有压角线、压边线、封边线等几种。通常用螺钉或黏结剂固定。在不同风格的定制家具中，装饰线条亦有不同的表现手法。简欧风格摒弃了过于复杂的肌理和装饰，其装饰线条更为简单大方。

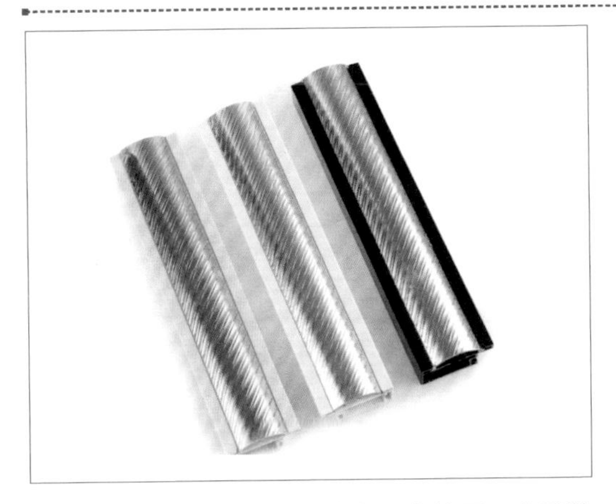

↑经过加工后的塑料装饰线条可直接用于家具装饰，方法简单实用。

↑使用塑料装饰线条的家具的边角位置更加美观、立体。

5. 石材线条

石材线条的曲线表面光洁，形状美观多样，可与石板材料配合，用于高档装饰的墙柱面、石门套、石造型等场所，石材线条所选用的材质多用进口大理石或花岗岩。拥有石造型的法式风格家具强调优雅浪漫，以流畅的线条及精致优美的造型著称，其装饰线条装饰性较强，多采用柔和自然的曲线，辅以精细雕花，尽显高贵典雅。

↑石材线条优美的曲线与厚实的质感，可以多种风格进行搭配。

↑法式石柱的造型流畅、形态优美，石材线条与石柱的搭配相得益彰。

4.6 集成电器设备

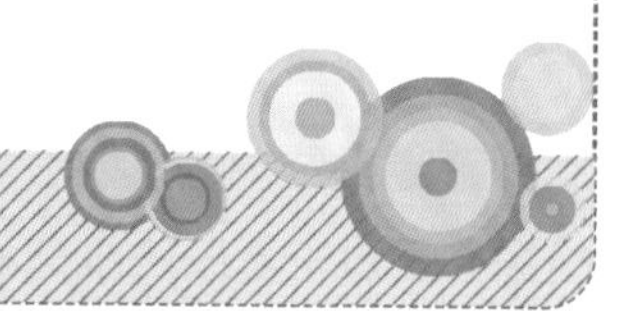

一日之计在于晨，当你还在熟睡时，轻柔的音乐缓缓响起，卧室的窗帘准时自动打开，清晨第一缕阳光洒入室内将你唤醒。家居的集成设备将所有的不可能变为可能，让生活更简单。

1. 背景音乐系统

背景音乐系统就是将音乐以背景播放的形式融入家庭环境中，让家中的每个房间每个角落都能随时听到美妙的音乐。主要采用吸顶音箱，它在任何一间房子里均可布上背景音乐线，让每个房间都能听到美妙的背景音乐，还可以在各自房间里随意关掉或调节音量或更换其他音乐。人们往往把厨房、餐厅、卫生间这些每天要消耗很多时间的地方给遗忘掉。当你在做家务时可以在最愉悦的心情下去劳动，或者在闲暇的午后，翻着一本书，欣赏着悠扬的歌声。

2. 灯光系统

如今许多家庭的用光理念已经发生了转变，以前主体空间使用一盏主灯光就可以，现在为了更好地满足不同功能、营造氛围，即使是在一个房间内，也会使用多盏灯光。虽然生活更加细致化。灯光控制系统可声控、触摸屏控制、遥控控制以及远程APP控制。

开灯时，灯光由暗渐渐变亮。关灯时，灯光由亮渐渐变暗，避免亮度的突然变化刺激人眼，给人眼一个缓冲，保护眼睛。避免大电流和高温的突变对灯丝的冲击，保护灯泡，延长使用寿命。整个照明系统的灯可以实现一键全开和一键全关的功能。当你在入睡时，你可以按一下全关按钮，全部的照明设备将全部关闭，免除跑遍全部房间的烦恼。

↑将每间房都可单独安装了控制主机，可以让家里每个的房间同时享受不同的音乐。

↑一键触摸开关电源，让你出门无忧，即使忘记关灯也可以使用手机APP一键关闭家庭电源。

3. 家庭影院系统

目前数码设备走进了千家万户，成为人们生活中的必备品，家庭影院也随之进入我们的生活。由于电影院每天场次有限，你想随时观看自己喜欢的电影几乎是不可能的，为了一场电影耗费一下午的时间与精力，加上电影院人多嘈杂，观影的环境时好时坏，对于影音爱好者来说，实在是件头疼的事情。家庭影院设计正好化解了这一问题。当你想要观影时，只需打开家中的设备，一键调节室内灯光，选取你所喜欢的电影，就可欣赏完美的画质与音效。家庭影院的效果与环境是普通电影院无法媲美的。

一个完整的家庭影院系统构成主要由四大部分组成：房间整体构建、视频系统、音频系统以及信号源与控制系统。每一个部分都是非常重要的板块，要让家庭影院的效果得以最大发挥，就不能忽视其中的每一个环节。

4. 窗帘系统

窗帘系统从安装上又可分为内置式和外置式。内置式电动窗帘看不到电机，从表面看只有轨道，外置式顾名思义电机裸露在外面。智能控制系统可以完成窗帘的定时控制、应急控制，也就是在火灾报警或其他紧急状态下无条件收起窗帘。窗帘的打开或者关闭是主控制器通过测试环境亮度完成的自动控制，根据太阳光线的变化，系统通过室外传感器获取的阳光信息，分析后自动控制窗帘调整的阳光追踪功能等。还可以自己用时控的方式控制，在主控器上设置好开关时间。清晨或傍晚会自动开关。

在窗帘开启或关闭时，若有异物影响运行时，电机会自动断电。另外，遥控电动窗帘机还具有安全性、稳定性高等特点。该产品使用12V电压，安全可靠。并具有灵敏度高、抗干扰性强、使用寿命长等优点。身处室内20m范围内可遥控窗帘开关自如,操作简单方便而且遥控器可以同时控制多个窗帘的开关。

↑数码化的产品将室内环境打造得更加现代化、舒适化，生活越来越简单自在。

↑天黑的时候关闭，天亮打开是其智能管理的方式。

5. 安防设施

近年来智能门禁对讲与家庭微摄像头开始逐步进入市场。智能门禁对讲是由电话机、摄像设备、显示屏接收设备及控制器组成的，和普通对讲机一样可以通话，然后加入摄像的功能，可以进行视频通话。家庭摄像头可随时随地地查看家里的状况。对家里的老人、小孩、保姆、宠物进行实时看护，同时亦可防范小偷，保障家里的安全问题，还可以通过摄像头进行对话，当家里出现异常情况都会及时发送自己的电子设备上。

↑智能门禁对讲系统，能够有效地保护室内人的安全，了解门外的状况。

↑家庭摄像头可以多方位地监控家里的实时状态，及时了解、消除家里的安全隐患。

安防是智能家居的一项主要功能，也是居民对智能家居的首要要求。这项功能还可以细化为报警和监控录像。基本上可以分为电视监控系统、报警控制系统、远程图像传输设备产品等。防盗报警可通过智能家居控制器接入各种红外探头、门磁开关，并根据需要随时布防撤防，相当于安装了无形的电子防盗网。

当家中无人时，家庭智能终端处于布防状态时，若有人试图从外部进入屋内，红外探头探测到家中有人走动就会触发报警装置，装置会发出报警声并通过家中内置电话卡拨打设置好的业主手机和物业保安中心电话。业主接到电话后，还可以通过网络远程打开监控录像，通过摄像头察看家中情况。还具有防灾报警功能，它是通过接入烟雾探头、瓦斯探头和水浸探头，全天候24h监控可能发生的火灾、煤气泄漏和溢水漏水，并在发生报警时联动关闭气阀、水阀，为家庭构建坚实的安全屏障。

此外，求助报警功能也是智能家居的一项重要功能。通过远程控制器接入各种求助按钮，使得家中的老人小孩在遇到紧急情况时通过启动求助按钮快速进行现场报警或远程报警，及时获得各种救助。

安防产品不同于其他产品，其应用环境比较恶劣，常年在外经受着风霜雨雪的摧残。因此比较容易损坏，使用周期较短。

6. 温控系统

智能化家居生活，同样可连接中央空调、供暖等设备。通过此项功能，温控系统可以根据业主的设置，在环境温度达到设定值时，自动开启和关闭相关设备。

中央空调系统由一个或多个冷热源系统和多个空气调节系统组成。采用液体气化制冷的原理为空气调节系统提供所需冷量，用以抵消室内环境的冷负荷；制热系统为空气调节系统提供所需热量，用以抵消室内环境热负荷。制冷系统是中央空调系统至关重要的部分，其采用种类、运行方式、结构形式等直接影响了中央空调系统在运行中的经济性、高效性、合理性。

地暖是以整个地面为散热器，通过地板辐射层中的热媒，均匀加热整个地面，利用地面自身的蓄热和热量向上辐射的规律由下至上进行传导，来达到取暖的目的。

↑中央空调可以自动调节制冷、制热量，独立运行，分别调节各个区域内的空气。

↑暗装的方式不会破坏建筑整体的美观性，能够与室内装修完美的结合。

↑地暖散热均匀，来自脚底的温度更适合人体温感，能有效促进足部血液循环。

↑暖气片具有良好的性价比，美观度好，颜色与样式更多，与多种室内装饰风格搭配。

家具的制作过程在很大程度上决定了家具的质量，良好的制作工艺与制作模式能够保障家具的完整性与美观性。寸土寸金的高房价时代，合理利用家里的每一寸空间显得尤为重要。成品家具虽然有即买即用的优势，但存在尺寸与家庭住宅空间难以完美匹配的问题，因此，许多家庭都会选择定制家具。

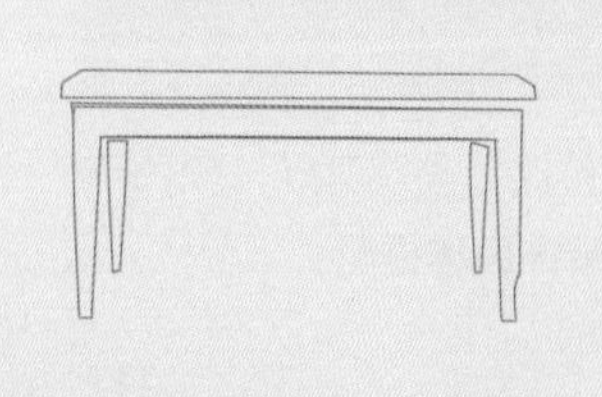

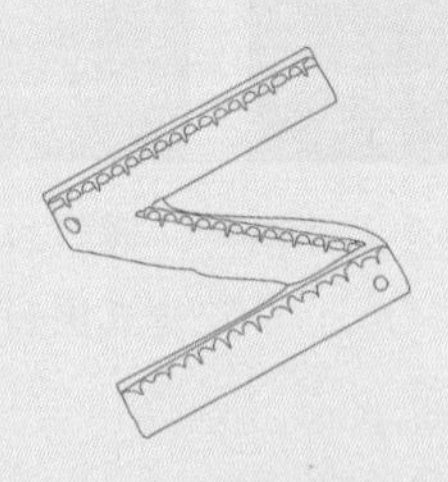

Chapter 5 全屋定制家具制作工艺

识读难度：★★★★☆

5.1 家具制作常用设备

我们在装饰施工的项目当中，木工施工是一个对数据要求非常精细的一个工种，同时木工使用的一些工具更是琳琅满目、种类繁多，在传统手工工具和现代电动工具都非常有特色。在全屋定制家具的制作过程当中会使用到许许多多的专业木工工具，以及一些生活中比较常见的一些工具。

↑选择一款好的制作工具可以让你的设计事半功倍。

1. 电子开料锯

先进的开料设备有两种类型，一种是电子开料锯，也称为“电脑裁板锯”，是一种先进的数字化加工设备，可用于多种板材的裁切。电子开料锯的裁切精确度高、损耗低、锯口精准、整齐等特点。电子开料锯采用红外线扫描，离锯片100mm之内有异物时锯片会自动下沉，防止事故发生。另一种是数控加工中心开料设备，数控加工中心可以进行边沿为曲线的板件的开料，其基本原理是用铣刀沿着板材边沿直接铣削出深度超过板厚的槽，从而达到切割的目的。目前市面上应用最为普遍的是电子开料锯。

↑电子开料锯的伸缩型靠尺令长板件的锯切更准确，并能节约工作空间。

↑数控加工中心开料设备可以进行不规则的曲线板件的开料运作。

2. 木工台锯

木工台锯有两种：一种是工厂定制好的，但是体量较重，一般现场施工很少能够搬进地点；另一种则是现场临时组装的简易木工台锯，通常是将电圆锯倒装在自制的木工台面上，木工台面由板材和支撑脚组成，并配以靠尺和推板组合而成。木工台锯可用于板材裁切和方料锯切操作，具有数据准确、裁切规则等特征。

↑简易木工台锯安装快捷，体积较轻，可以搬进施工现场进行作业。

↑工厂定制的木工台锯体量较重，由于重量及其他因素，一般不进入施工地点。

3. 手持式电圆锯

电圆锯是一种由电动机驱动圆锯片进行锯割作业的工具，主要由电动机、减速箱、防护罩、调节机构、底板、手柄、开关、不可重接插头和圆锯片等组成，具有安全可靠、工作效率高等特点。在木工施工中，电圆锯可用于制作简易木工台锯，也可手持锯切木料，换上不同的切割片还可进行打磨、切割金属等操作，和云石机很相似。

↑手持式电圆锯可用于制作简易木工台锯，工作效率高、安全性好。

↑手持式电圆锯在功率上比云石机略小一点，在使用功能方面相似。

4. 雕刻机

雕刻机具有多种数据输入模式。电脑雕刻机有激光雕刻和机械雕刻两类，这两类都有大功率和小功率之分。雕刻机的应用范围非常广泛，配备进口双螺母丝杠，采用对断点记忆方式，保证可在意外(断刀)或隔天情况下加工。独特的多个工件加工原点的保存方式。大功率切割不仅使雕刻精细无锯齿，还能使底面平整光滑、轮廓清晰。

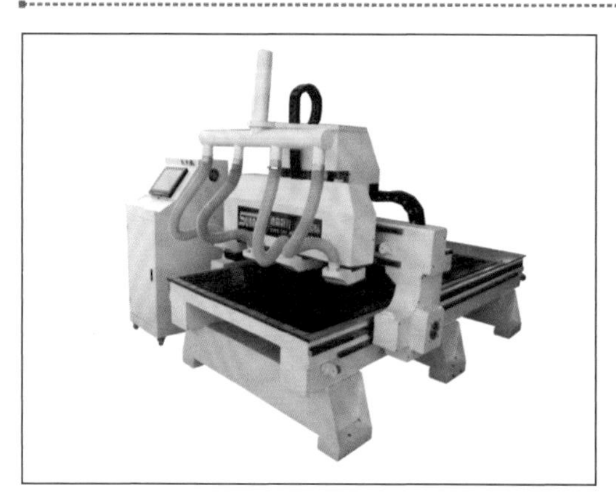

↑雕刻机适用于大面积板材平面、实木家具、密度板免漆门雕刻、橱窗门雕刻。

↑雕刻机一般多为双轴或四轴，能同时雕刻多个不同或相同造型，工作效率高。

5. 曲线锯

曲线锯主要用于各种木材及非金属的切割，锯片多为碳钢，硬度高，切割效率快。锯齿被磨尖，呈圆锥型。工作原理是通过电动机带动往复杆及锯条往复运动进行锯割。在木工施工中，曲线锯可对板材进行曲线形切割，满足了木工在装饰效果上的多样变化。

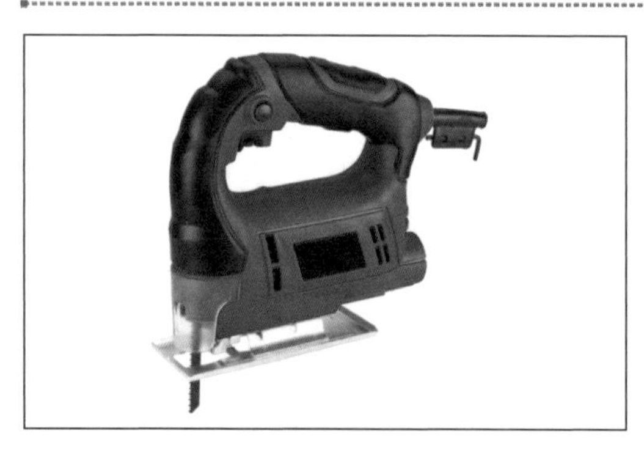

↑曲线锯用于切割各种木材及非金属，切割很快而且切屑处理能力更强。

↑曲线锯还可以对较薄的板材进行镂空，制作出漂亮的镂空板。

6. 电刨

电刨是进行刨削作业的手持式电动工具，具有效率高、刨削表面平整且光滑等特点，在木工施工中，入料时一手向下压前端，另一手托住木料的后端,长料尽量往后托，保持木料平稳，保证被刨削面与电刨平台完全吻合，不能翘变，否则刮出来的面会不平。

↑电刨外壳、手柄用塑料注塑成一体，构成双重绝缘。

↑电刨广泛用于各种木材的平面刨削、倒棱和裁口等作业。

7. 修边机

修边机分固定式和活动式，大多用于木材倒角、金属修边、带材磨边等马达式活动性较强的修边设备，也称倒角机。修边机通常是由马达、刀头及可调整角度的保护罩组成的。在木工施工中，修边机主要用于贴好饰面板及钉好木线条后边缘的修平，还可用于木材的倒角，雕刻一些简单的花纹。具有粗磨、精磨、抛光一次完成的特点，适用于磨削不同尺寸和厚度的金属带的斜面、直边。

↑活动式修边机可以直接手持式操作，打磨木材的边角，进行修边、磨边。

↑固定式修边机需固定好设备，将木材慢慢地推入进行精磨。

8. 型材切割机

型材切割机，又叫砂轮锯，适合锯切各种异型金属铝、铝合金、铜、铜合金、非金属塑胶及碳纤等材料，特别适用于铝门窗、相框、塑钢材及各种型材的锯切，也可用于对金属方扁管、方扁钢、工字钢及槽型钢等材料的切割。型材切割机操作简单，效率高，可作90° 直切，也可在45° ~90° 左向或右向任意斜切。

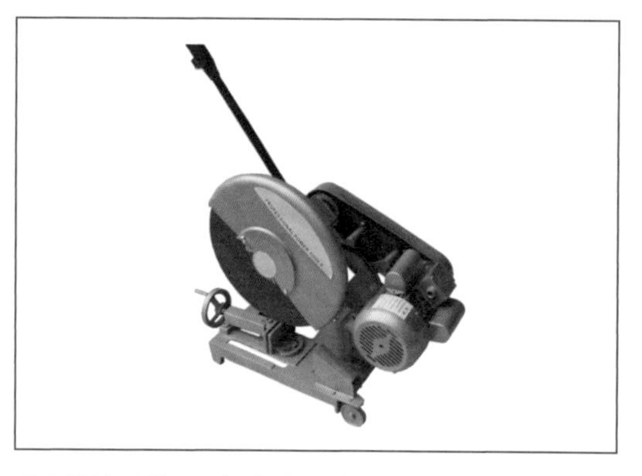

↑型材切割机具有安全可靠、劳动强度低、生产效率高、切断面平整光滑等优点。

↑型材切割机主要用于切割轻钢龙骨、角钢、螺纹吊杆、钢筋等金属材料。

9. 气泵

气泵即“空气泵”，主要有电动气泵、手动气泵和脚动气泵等，是一种气压型动力设备。在施工中多使用电动气泵，其以电力为动力，通过电力不停压缩空气，产生气压。根据电动机功率的大小，可释放出不同压强的气压，带动各种气动工具作业。在木工施工中，气泵不是施工工具，而是为气钉枪、风批、喷枪等提供动力的工具。

↑气泵通过电力不停压缩空气，产生气压后就可以提供动力进行施工作业。

↑气泵的发动机通过两根三角带驱动气泵曲轴，从而驱动活塞进行打气。

10. 风批

风批也叫风动起子、风动螺丝刀等，是用于拧紧和旋松螺丝螺帽的气动工具。风批用气泵作为动力来运行，主要用于各种装配作业。由于风批装配螺丝速度快、效率高，已经成为装配操作必不可缺的工具。在木工施工中，风批主要用于石膏板安装、门铰链安装。

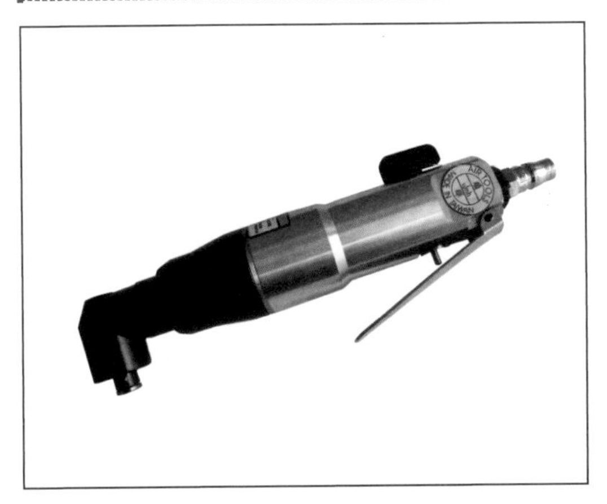

↑使用风批时只需按下转动开关，确认转动方向，根据需要调整转速、转动力度即可。

↑风批可以使用不同型号的风批头操作，提高工作效率。

11. 封边机

封边机顾名思义就是用来封边用的，不过把封边的程序高度自动化的，能完成直面式异形封边中的输送、涂胶贴边、 切断、前后齐头、上下修边、上下精修边、上下刮边、抛光等诸多工序。适用于中密度纤维板、细木工板、实木板、刨花板、高分子门板、胶合板等直线封边修边等，可一次性具有双面涂胶封边带切断封边带粘合压紧、齐头、倒角、粗修、精修，具有粘接牢固、快捷、轻便、效率高等优点。

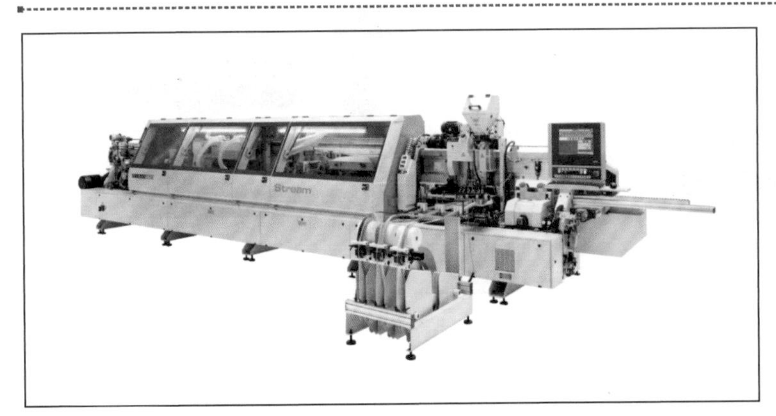

←自动化封边机是可一次性完成输送封边板、送带、上下铣边、抛光工作的自动生产线。

12. 气动钉枪

气动钉枪也叫气动打钉机、气钉枪等，是以气泵产生的气压作业的高压气体带动钉枪气缸里的撞针做锤击运动。钉枪的种类很多，木工常用的种类有直钉枪、钢钉枪、码钉枪、蚊钉枪等，各种钉枪工作原理相同，只是在结构上略有差别，所用的地方也不一样。直钉枪主要用于普通板材间的连接和固定，使用的钉子为直行钉，钢钉枪相对于直钉枪而言体型更大、重量更重、冲击力较大，可将钢钉直接打入墙内。

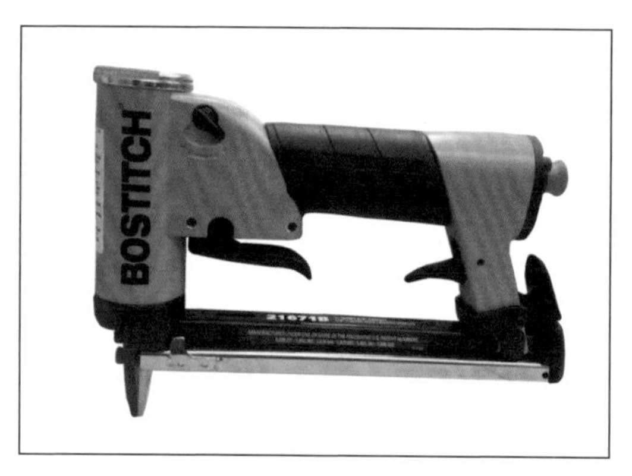

↑直钉枪是使用直行钉来连接普通板材，可直接将钉子打入木板内。

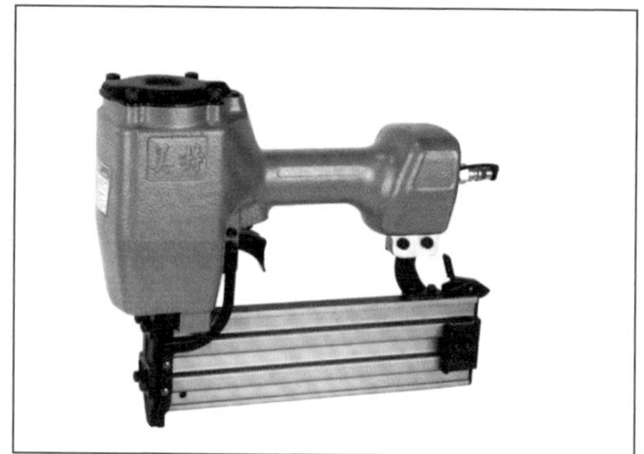

↑钢钉枪比直钉枪体型、重量、冲击力更大，不仅可以用于板材，还可以用于墙体。

码钉枪主要是枪嘴结构与其他钉枪不同，其枪嘴为扁平状，适合于码钉的射出，主要用于板材与板材之间的平面平行拼接。蚊钉枪和直钉枪造型一模一样，只是体型上略小一点，它的枪身放不下直钉，只能放专用的蚊钉。在打钉的时候需要倾斜45° 斜钉，主要用于饰面板等较薄的饰面材料的固定，钉完后无明显的钉眼，较为美观。

↑码钉枪主要用于板材与板材之间的平面平行拼接，与直钉枪略有不同。

↑蚊钉枪在造型上与直钉枪一样，在功能上有所差别，分为枪身方有钉与无钉。

5.2 柜体制作工艺

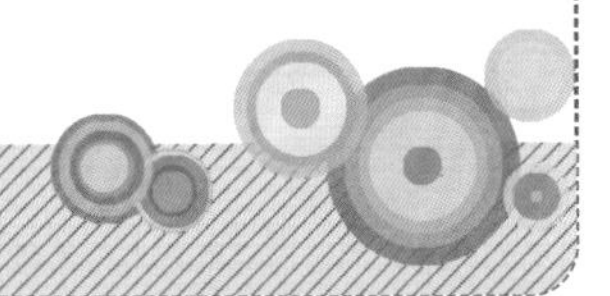

1. 识图

定制家具的设计图纸一般由终端销售门店的家具设计师完成。家具设计师本身的技术水平有限，加上每一个用户订单的家具又不相同，在家具图纸上很容易出现小的误差和错误。因此，在正式下达生产任务前，必须对设计图纸进行审核，以确保设计不会出现失误，生产任务可以正确进行。

2. 拆单

拆单工序是从设计图纸到加工文件的转化阶段。拆单的任务是要把前期设计好的家具订单拆分成为具体的零部件，并且根据零部件的加工特性对加工过程中的分组、加工工序、加工设备等详细步骤进行规划。每一个订单都会有自己的生产单号，拆单的结果将以生产数据文件的形式保存，内容包括生产加工所需的详细信息。生产系统中的计算机可以识别这些数据，并能够控制加工设备进行加工。拆单过程已经可以通过计算机完成，得益于高速的互联网云系统，整个过程只需要几秒钟，大大提高了生产效率。拆单操作一般被整合到客户管理系统（CRM）中，实现前端设计销售和生产的高效对接。

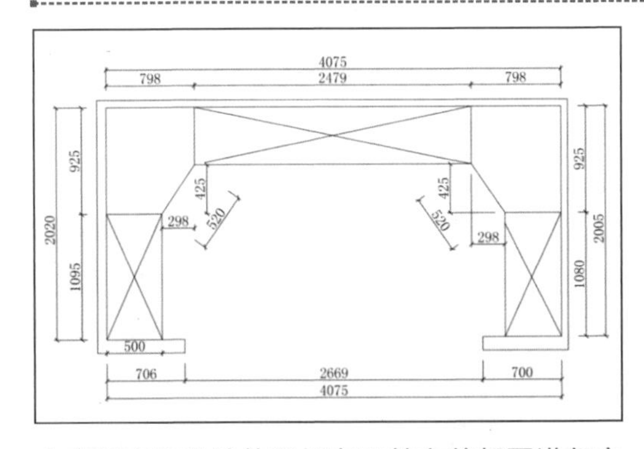

↑定制家具设计的图纸在下单之前都要进行审核，确定没有问题后方可进入下一步操作。

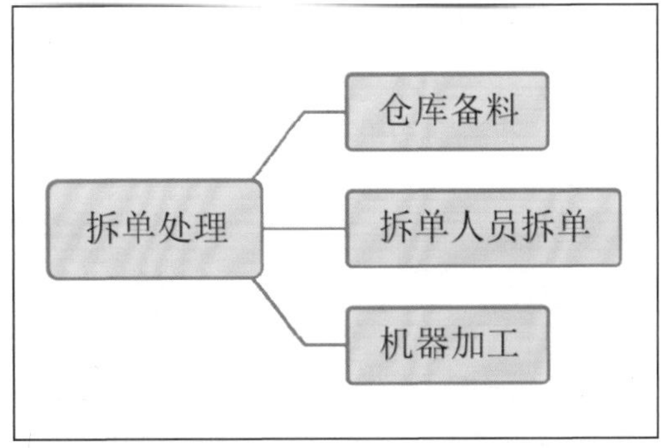

↑拆单是家具制作的关键步骤，数据出现错误将会影响家具安装。

图解小贴士

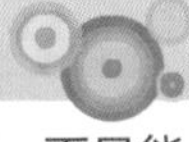

无论家具复杂程度如何，都要进行拆单处理，拆单的目的不仅是工业化的生产流程，而且能节省板材，经过拆单后的板块通过重新拼装裁切下料，能最大化利用原材料。

3. 开料

高效的开料是定制家具生产的关键。拆单后将数据通过计算机传送到电子开料锯上，工人只需选择相应的文件，电子开料锯会根据文件中的数据裁切板材，联机的条码打印机打印出条形码，工人只需扫描板件的条形码，加工设备就会自主对板件进行加工。普通的裁板锯一般是作为电子开料锯的补充使用，一些非标准、少量的板件裁切可以用它来完成，例如运输过程中损坏需要补发的板件。

↑电子开料锯会根据数据进行裁切板材，同时联机打印出板材条形码。

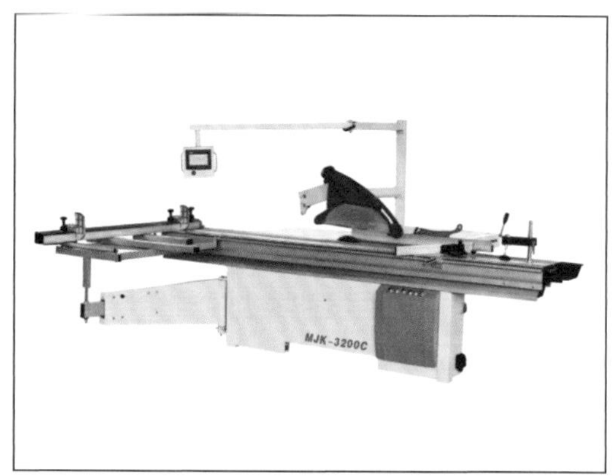

↑裁板锯是可以用来裁切那些非标准、少量的板件。

4. 封边

定制家具板件的封边与普通板式家具基本一致，为了适应小批量、多品种的要求，针对封边工序做了大量优化工作。例如，为了提高加工效率，新型的射边机上采用激光来加热封边。有的封边机还添加了开槽功能，通过在封边流程后方可加上开槽锯片。

↑新型封板机在对板材进行封边时，可以直接对板件进行开槽。

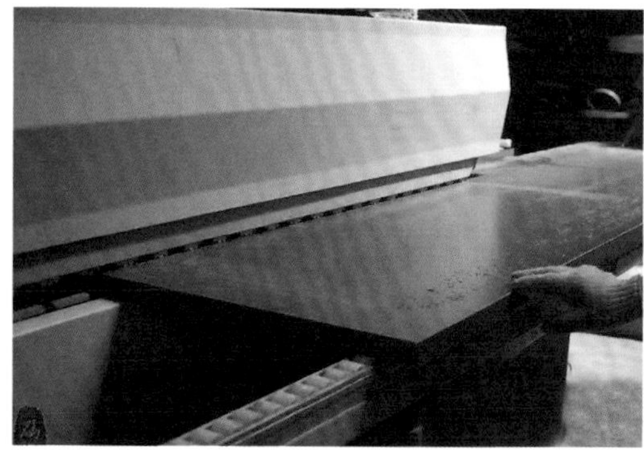

↑可以在封边加工后直接对板件进行开槽操作，节省了一步工序。

5. 槽孔加工

定制家具的槽孔加工大多使用数控钻孔中心完成。数控钻孔中心可以在一台设备上实现板件多个方向上的钻孔、开槽、铣削等加工。无须人工对设备进行调整，只需在加工前对板件的条形码进行扫描，设备就可以自行对板件进行加工，避免了传统板式家具槽孔加工环节中多台设备调整复杂、工序繁多的缺点。加工完毕的板件需要对表面残留的木屑等进行清洁，同时需要对板面上的胶水线、记号和其他渣滓进行清洗。根据板件的批次、尺寸和力学等各方面的要求将板件堆放到推车上，等待进入下步工序。

↑数控钻孔中心可根据数据信息对板材进行自动钻孔作业。

↑处理完毕后需要对板材的表面残渣进行清洗。

6. 封装入库

板材所有工序制作完毕后，我们需要用专业的机器将板材进行入库统计数据。

←所有制作步骤完毕后，将成品板材放入库房，按编码放置，等待物流出仓。

5.3 门板制作工艺

柜类家具一般都会带有门。门的作用是分隔柜内和室内环境，防止灰尘、潮气等进入柜内。柜门是需要频繁开启的活动部件，定制家具常用的两种开门方式是平开门和移门。具体采用哪种开门方式，取决于实际使用需求。现代家居装修中，越来越多的人都会选择可推拉的衣柜门（移门、滑动门、壁柜门），其轻巧、使用方便，空间利用率高，订制过程较为简便，平开门对空间的要求高于移门，因此，大面积、沉重的门多采用移门。

↑平开门所占的空间大，需要留足够的开合空间，对于小户型来说不利于空间利用。

↑移门相对于平开门所占的空间小。只需左右移动就可开合，避免空间浪费。

门的常见款式有整板门、框架嵌板门、仿框架式门。整板门是一块完整的板件，可在板面通过雕刻纹样或铣削型边等进行装饰，通过五金件开启。框架嵌板门可以使用板材、实木、金属、塑料等多种材料制作，嵌板可以用玻璃、板材、实木等多种材料。

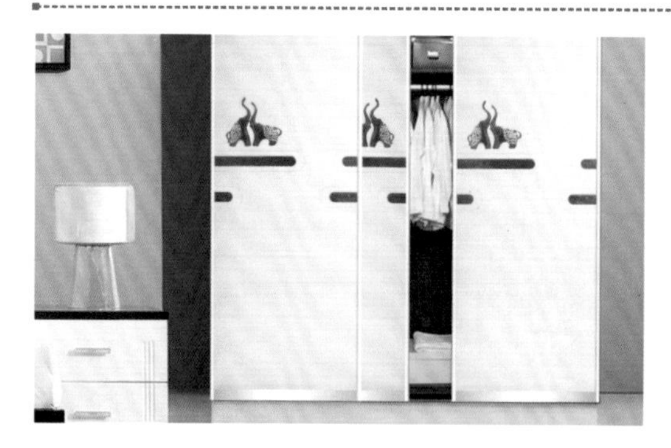

↑整板门用面板，通过多种方式进行装饰。

↑框架嵌板门用镶嵌的方式，将材料作为嵌板。

仿框架式门一般用人造板材铣削成型，外观上模仿框架嵌板结构，如在门框转折处铣削细小的沟槽来模仿框架之间的接缝，也可在板面中间镂铣出空洞，用来安装玻璃、百叶等，一般尺寸较小，常用在书柜的玻璃门上。整板门和仿框架式门的生产和柜体基本一致，框架嵌板式门由于用材和结构特殊，需要单独加工。

↑仿框架式门外形多样化，安装了百叶的衣柜门。

↑可以在板面中间做出镂空的形态，增加衣柜的透气性。

1. 门板加工

门板的材料多种多样，可根据客户要求制作人造板材、织物软包、玻璃、透雕图案等。板材加工和柜体工艺一样。织物软包一般是以人造板作为基材，在表面粘贴海绵等填充物，最后包覆上织物。玻璃、艺术玻璃、透雕板等材料可以从供应商处采购。壁柜门的木板厚度最好选择8mm~12mm的，这样使用起来则更为稳定和耐用。

↑门板在制作时可以凹造型，根据客户的要求进行门板基材加工，表面也可做其他的装饰。

↑加工好的门板用薄膜包覆，检查完毕，装箱封存。

2. 门框制作

门框加工受限于人造板的尺寸，如果直接使用人造板作为边框的门，高度上最大尺寸为2400mm左右。而金属框架的门则可以不受限制，门的高度可以根据顾客的要求，最多可以达到天花板的高度。目前家庭装修中常用的金属框是铝合金型材，为了和柜体的外观搭配，一般也需要在型材表面覆膜。

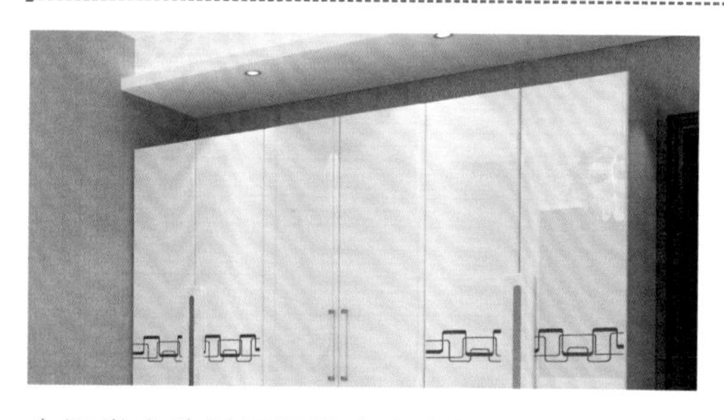

↑通常人造板框架的高度有限，一般不会做到顶。

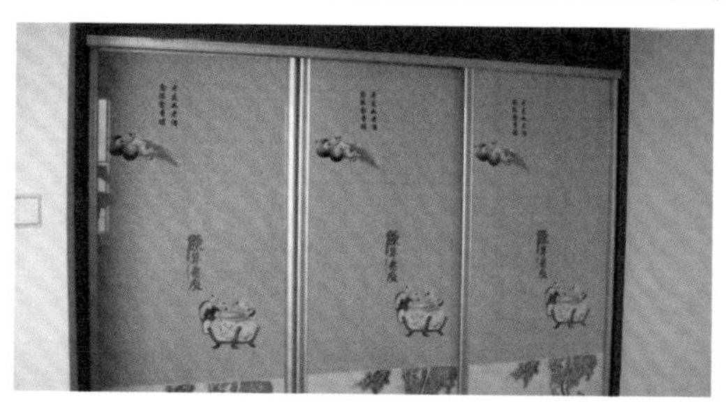

↑金属框架的门高度不受限制，一般采用表面覆膜的方式与外框搭配，达到整体的平衡。

门框的结构有两种，一种是45°格角框，另一种是垂直组合框。斜角拼接时，需要在角部塞入预埋件，然后用螺钉将门框固定；垂直拼接时，直接将横线框的端头用螺钉固定到竖框上。

↑45°格角框在外形上呈现出45°的倾角，纹路更深刻。

↑垂直组合框是直接与门板组合，没有任何的弧度。

3. 组装

以定制家具衣柜移门为例，家具门板在组装上基本实现了模块化，客户可以根据需求选择边框、嵌板等的样式，安装师傅只需要根据设计图纸的要求就可以组装。门板上一般已经预留好了钉眼，只需用工具进行安装即可。

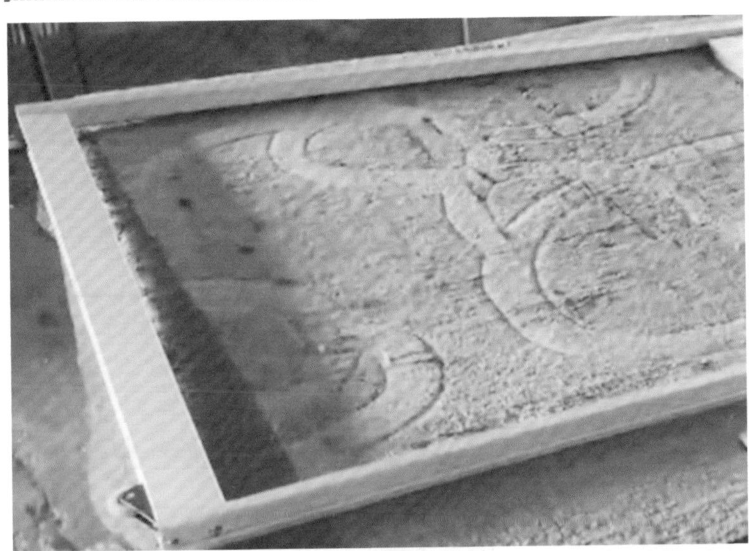

←首先预埋连接件，将框架打孔，组合好的框架用五金件连接起来，将最底下的一块框架预留，给进板预留空间。

↑组装好框架后，开始嵌板，有的客户会选择整面板，也有部分客户会选择颜色拼接的门板。

↑拼接的门板两块板面中间加PVC线条，遮住板面切面的缝隙，增加板面的美观性。

图解小贴士

装饰线条在装修中能起到美观的作用，一是突出或镶嵌在墙体上的线条，能够有效地装饰整个墙面的立体感，增强墙面的美观性。二是在装饰面上的应用，装饰面上的线条主要对饰面起到装饰板面、“遮丑”的作用，增强家具的美观性，同时能够有效地保护板面的完整性。

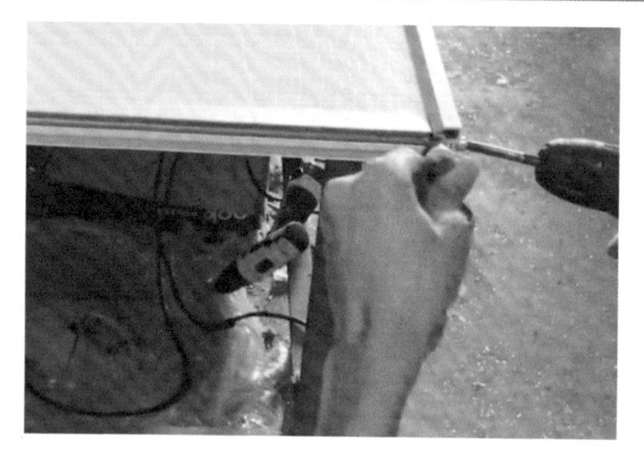

↑进板完毕后，装上底部预留的框架，同时装上门的滑轮。

↑门板安装完毕后，对框架与门板的交接处打入白色乳胶，保证框架与门板处的无缝连接。

←最后将门板安装到柜体上，效果就出来了。不同的门板有不同的风格，客户可以根据家具的整体风格选择家具门板。

图解小贴士

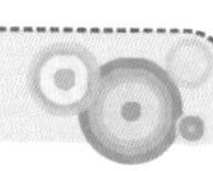

移门安装步骤

首先，安装移门前需与木工事先商讨预留移门安装位，对预留位进行规划，并做好门套。

然后，移门不要做得过宽，太宽的移门稳定性不高，移动的时候容易造成晃动，也会影响轨道的使用寿命。边框型材厚度不能过薄，边框厚度一般要达到1.2mm～1.5mm，这样才不会摇晃、比较稳固。

接着，为了移门的设计美观，有些移门的正面边框可能很薄，但其背后同样要足够厚，在选购的时候不要为了美观而忽视了这一点。

最后，移门效果不仅取决于产品质量，安装队伍要专业，售后服务系统需完善，且所选的款式、颜色要符合家装风格。

5.4 饰面制作工艺

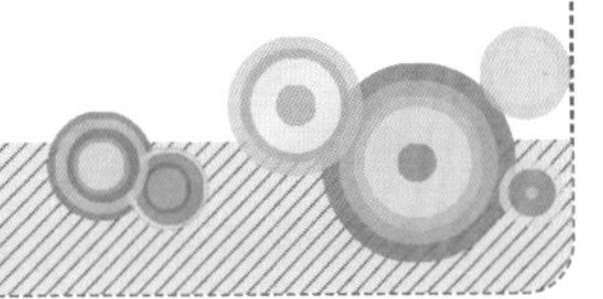

目前市场上出现的高档家具有原木结构，如红木、实木的床柜、餐桌等，都是由原木制成的板材拼装而成，但这种生产方法价格昂贵，一般家庭消费不起。新的饰面板材的出现使家具的外观有了更大的变化，饰面板材占市场销售的80%，它的基材板采用刨花板、中密度纤维板、高密度纤维板和细木工板，在其上进行贴纸倒膜而成，在视觉上与实木家具差别不大，但价格更低更容易被消费者接受。

↑大面积使用实木家具，价格高、对于保护森林方面不够环保。

↑而饰面板价格低、耗费小，是家庭装修的好帮手。

定制家具表面装饰可根据生产工艺分为上涂料和免漆两大类。涂料是指涂在物体表面，形成具有保护、装饰和特殊性能涂膜的有机高分子化合物或无机化合物的液态或固态材料。定制家具在见光的表面使用涂料较多，尤其是门板、面板等关键部位。

↑涂料是地中海家具中常出现的家具饰面方式，能够从家具表面快速的识别家具的整体风格。

↑免漆家具是现代家具风格中常出现的方式，给人简约质朴、回归自然的感觉。

涂料工艺的装饰效果好，但是生产周期较长，且日常使用中需要精心呵护。因此，从经济性和安全性考虑，一般使用免漆技术比较多。一般用于家具面板、门、装饰板等部分的装饰。这些部分由于需要直接面对消费者，所以被称为“见光”部分。柜体的板材在采购时一般已经在板材厂家进行了贴面操作，无须再次覆膜或装饰，只需要封边即可。“见光”的零部件由于造型、风格比较特殊，无法直接采购贴面的板材，需要进行表面装饰。

↑免漆技术是在板材表面“见光”的部分包覆一层装饰层。

↑免漆技术被广泛应用于家具的面板、装饰部分，操作简单且光泽度好。

覆膜的方法有多种，平整面或规则型面可以用后成型方法覆膜，表面带有雕刻装饰或较复杂造型的板件常用的是真空覆膜技术。真空覆膜技术可以实现零件的单面或双面覆膜。真空覆膜技术使用的设备是真空覆膜机，也叫真空吸塑机。

↑真空覆膜机利用抽真空获得负压对贴面材料施加压力，也可以在异型板材表面上均匀施压。

↑经过了真空覆膜后的板件外观精美，花型饱满。

真空覆膜技术主要适合对各种橱柜门板、覆膜、软包装饰皮革等材料表面及四面覆PVC、木皮、装饰纸等，可将各种PVC膜贴覆到家具、橱柜、音箱、工艺门、装饰墙板等各种板式家具上，并可在加装硅胶板后用于热转印膜和单面木皮的贴覆工作。

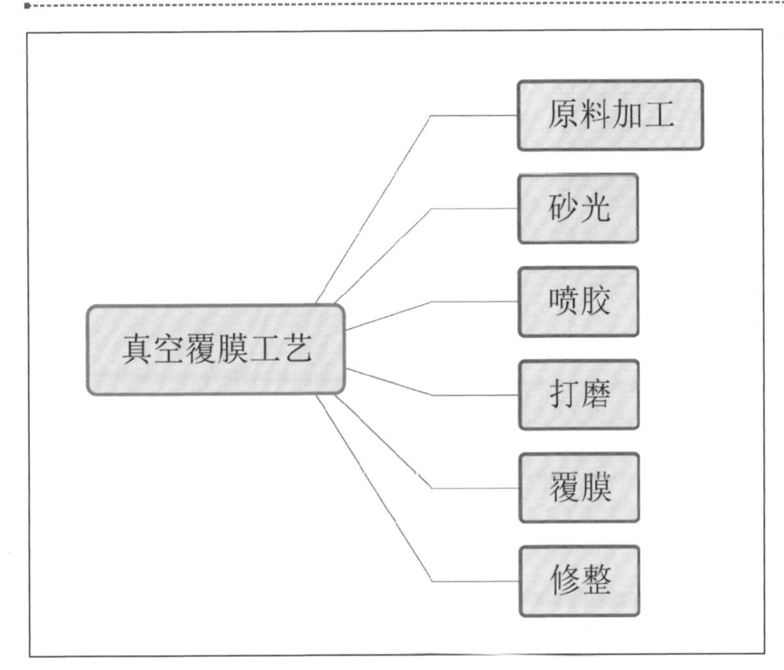

←真空覆膜技术主要过程包括基材加工、打磨砂光、喷胶、二次打磨、覆膜、修整。

1. 原料加工

真空覆膜使用的基材一般为纤维板。纤维板质地比较均匀，表面铣削成型质量好，适合作为覆膜的基材。基材加工包括开料和铣形。铣形加工可以使用数控雕刻机来执行，因为其主要用来加工板材表面的纹路，所以被称为雕刻机。可以在板件的表面铣削出纹样，也可以加工板件的型边。

←数控雕刻机是用来加工板材的纹路，加工后的板面看起来更加的富有凹凸感，纹路更深刻。

2. 砂光

雕刻加工后的板件需要经过打磨砂光，确保板件的表面光滑，尺寸精准。打磨完成后进行除尘处理，防止灰尘造成胶合强度下降。使用较多的凸出浮雕纹样可以使用预制件粘合的方式，将预制的塑料雕花、线条等粘贴到板件的表面，使板面具有更多的纹样。

↑雕刻加工后的板件需要经过打磨砂光，保障板面光洁。

↑将基材进行打磨、砂光，光滑过后的板面更容易覆膜。

3. 喷胶与打磨

在基材表面均匀地喷涂上胶水。喷胶车间对于室内温度和清洁程度的要求较高，较低的温度会影响胶水的效果。喷胶时，要先把板面和四边的灰吹干净，并根据贴面材料的要求调整喷胶量和喷涂方法。喷胶完成后，将板件移送到晾干区域陈放一段时间后准备进入下一道工序。一般夏天需要20～30min，冬天则需要40～60min。

↑自动喷胶机可均匀的将板材表面进行喷胶处理，喷胶时根据贴面材料的要求调整喷胶量。

↑这些处理后的板材将放置于晾干区进行风干处理。

4. 覆膜与修整

覆膜工序使用真空覆膜机来加工，可一次加工多个板件。将板件放置在覆膜机上，通过加热使膜软化，抽真空产生负压，将贴膜压紧到板件表面。覆膜后的板件，边缘会留下膜的残余，需要工人手工用刀片将多余的部分修整掉。中空的板件覆膜后，孔洞会被遮盖，需要手动进行裁剪修整。

覆膜后的板件表面较为单调，且由于贴面材料本身的柔韧性和延展性限制，在造型上微小曲面部分半径不会很小，导致线条不够清晰锐利。这时，可以根据家具风格的要求进行手工装饰，如在雕花表面进行描金或描银操作。人工装饰后的板面更加美观，且由于手工加工的痕迹较重，价值感更强。

↑覆膜后，外表看到的效果和直接进行雕刻的效果一致，加工效率高，材料利用率高。

↑实木饰面板因其手感真实，自然，是目前国内外高档家具采用的主要饰面方式。

↑家具饰面能够美化家具表面，拥有均匀的纹路，美观。

↑家具饰面造型被越来越多的消费者接受，无论是做工还是配色工艺都很精细化。

5.5 大规模生产定制

定制家具的高效生产主要取决于生产系统的自动化和信息化水平。有别于传统的板式家具生产中为了大规模生产而进行的各种优化改进，定制家具生产系统主要是为了满足定制家具多品种、小批量、产品生产周期短的要求而进行优化。定制家具的生产工艺流程明显比普通板式家具精练了很多。

1. 标准化生产

传统生产工艺流程中主要由人工辨识原材料和板件。这种方式的缺点是效率低下、准确度差，对员工的职业要求较高，在生产的过程中容易因为员工的错误判断导致生产中的失误。目前，我国生产中主要采用的板件识别技术是条形码。

↑自动化生产线为定制家具的高效生产提供了强有力的帮助。

↑每一款板材都有条形码身份，从开始制作到后期出货，直到出货送到客户家中。

条形码包括一维条码和二维条码，其基本原理是用数字编码技术存储信息，用扫描设备进行编码识别。因为在两个方向上都可以存储信息，二维条码技术可以存储比一维条码更多的信息，且占用空间更小，信息耐损毁能力更好，因而在现阶段的定制家具企业中得到越来越多的应用。目前，订单信息可以通过图纸、标签、条形码等方式表现，生产端可通过人工、扫条形码、直接接收输入信息等方式识别订单信息。零件信息内容配合生产与零件分拣、包装、发货、标签信息与关联，一般条形码中包含零件的常用信息，如零件名称、订单号、用户、零件编号、材料、包装、发货等内容。扫码时，人工识别板件相关信息。条形码信息供各个工序加工前后扫描输入计算机系统，由系统识别板件相关信息。而包装标签的作用是在物流运输及安装过程中识别包装信息。物流企业、专卖店工作人员都可以直接从标签中看出相关信息。

工人将条形码粘贴到板件上，每一块板件就有了身份证。生产信息系统可以监控每一块板件的生产进度，从而对整个订单的进度进行控制。一般的标签由三个部分组成，即文字信息、条形码信息和品牌信息。其中，文字信息是为工人使用，在条形码污损或不方便时使用。

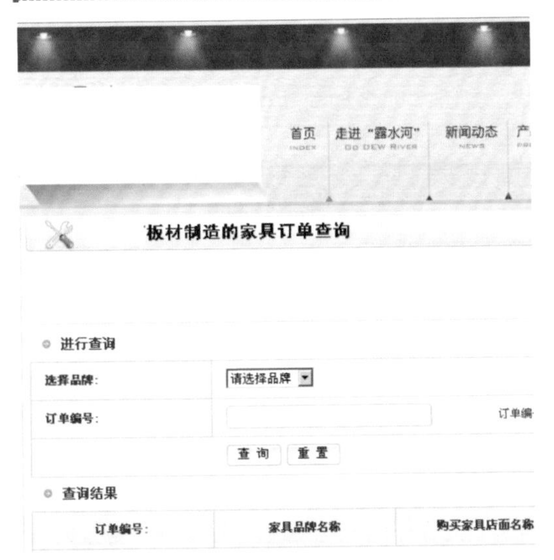

↑订单信息可以通过扫描条形码直接显示在电脑上，安全、便捷。

↑包装标签的内容一般会包括订单的编号信息、物流的目的地、包装的编号、产品名称。

图解小贴士

条形码（barcode）是将宽度不等的多个黑条和空白，按照一定的编码规则排列，用以表达一组信息的图形标识符。条形码是迄今为止最经济、实用的一种自动识别技术。条形码符号作为一种识别手段可以单独使用，也可以和有关设备组成识别系统实现自动化识别，还可以和其他控制设备联系起来实现整个系统的自动化管理。同时，在没有自动识别设备时，也可实现手工键盘输入。条形码通常只在一维方向上表达信息，而同一条形码上所表示的信息完全相同并且连续，这样即使是标签有部分欠缺，仍可以从正常部分输入正确的信息；条形码符号识别设备的结构简单，操作容易，无须专门训练。条形码标签易于制作，对印刷技术设备和材料无特殊要求。

二维码是使用若干个与二进制相对应的几何形体来表示文字数值信息，通过图象输入设备或光电扫描设备自动识读以实现信息自动处理：它具有条形码技术的一些共性：每种码制有其特定的字符集；每个字符占有一定的宽度；具有一定的校验功能等。同时还具有对不同行的信息自动识别功能及处理图形旋转变化点。

条形码与二维码如今被广泛应用于定制家具生产、加工过程中，特别适合大规模生产，家具上每个板块、部件在开料之前都会人工或随机生成条形码、二维码，在加工、运输、组装、维修过程中能随时扫码查阅该部件的信息，方便维护管理。在正常使用中，如果家具某个部件受到破坏，消费者可以将部件上的条形码、二维码发送给厂家，通过快递能收到同样的配件及时更换。

2. 自动化生产

信息化生产要求设备能执行信息化指令，并按生产文件要求完成各种加工。一般新型的全自动电子开料锯、CNC加工中心等均带有信息化接口。在开料锯上安装了“信息化执行系统”后，开料设备会根据生产文件要求的规格自动执行锯板操作。操作者只需在开料机上选择板料的规格、色泽和纹理方向等信息进行输入，开料锯即可自动开料。CNC加工中心具有相应的信息化接口，只要与软件相匹配，就可实现各种自动加工。

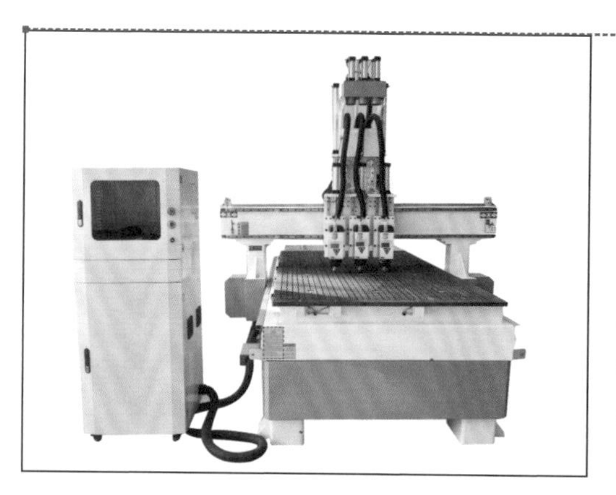

↑自动化生产要求机器设备高效率的运转，实现产能的快速增长。

↑只需在开料机上选择板料的规格、色泽、纹理方向等信息进行输入，开料锯即可自动开料。

改造后的排钻机能实现自动化生产，根据数码文件的指令要求对孔位、孔径、孔深进行自动化钻孔。封边机也能按指令选择封边条的色泽与厚度。对于暂不能进行信息化改造的工序，通过加装显示屏指示工人操作作业，扫描待加工的零部件上的条形码，显示屏显示该零部件加工操作的工艺步骤，以信息化的数字文件指示工人进行操作加工。

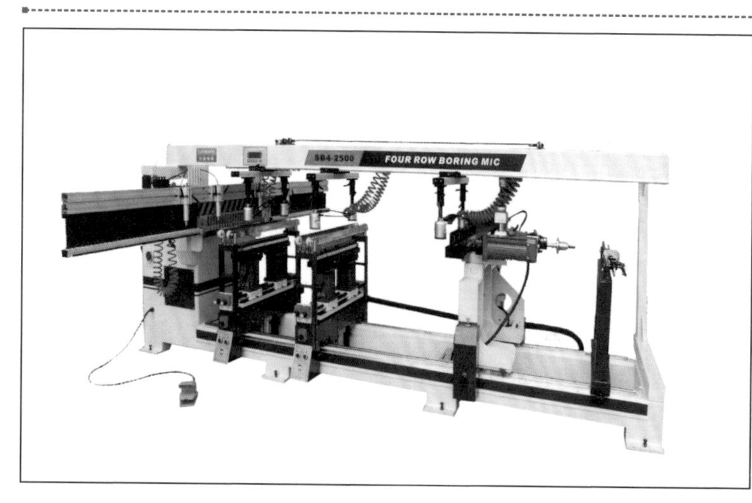

←自动排钻机能够根据文件指示按照要求进行作业，精准度更高。

5.6 包装运输

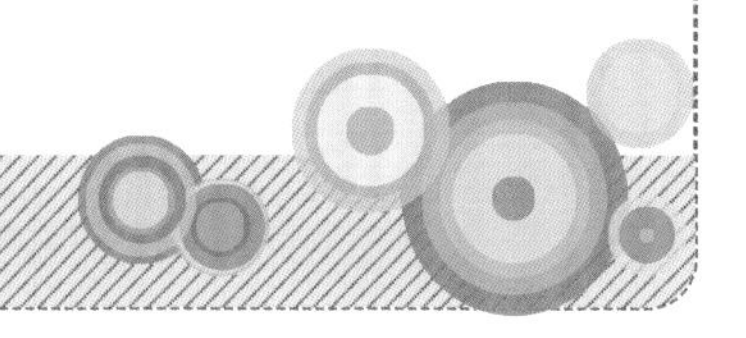

1. 包装

定制家具板件一般采用硬纸板包装。根据板件尺寸进行整合包装，以节约空间。单件家具或单一批次的家具可能有多个纸包。完整的定制家具包装包括柜体包、门包和配套的五金件包。因为门的结构相对复杂，现场组装难度较大，因此，门需要在生产完成后再进行整体包装。

首先，根据板件的尺寸选定纸皮，切割出合适的纸包。由于定制家具的尺寸不像传统批量生产的家具，有固定规格的包装箱，每一个纸包都需要单独裁切。裁切纸包有手工和机器两种方式。手工裁切比较灵活方便，但是包装不如机器自动化裁切的整齐美观。

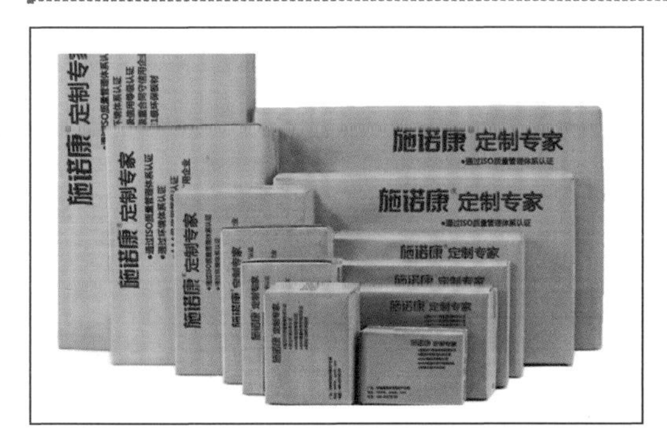

↑不同板件之间尺寸有所不同，通过单独的包装整合能够有效的节省空间，防止碰撞。

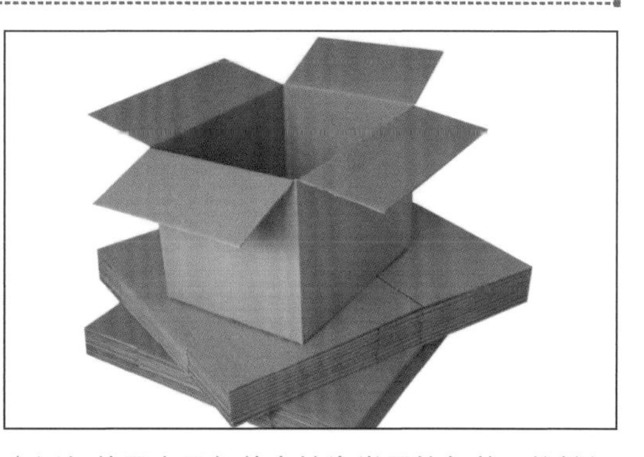

↑纸包装是家具包装中较为常见的包装，能够根据不同的板件进行纸包量身制作。

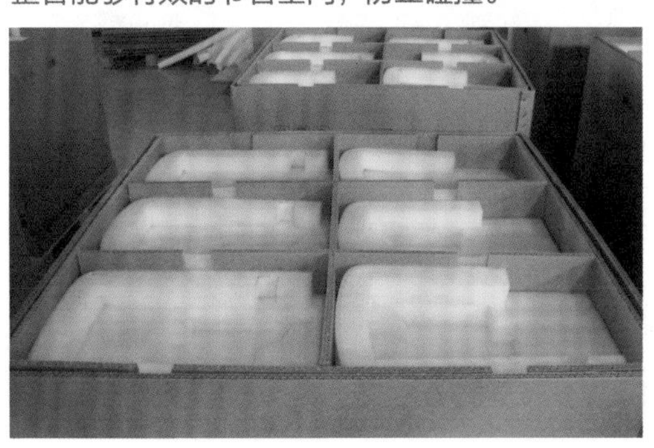

↑珍珠棉平铺、侧铺以及包裹板材有效地保护板材的完整性，确保客户在收到包裹后不出现破损。

↑加上木架后的包装更为坚固，能够固定纸箱，有效避免运输途中出现意外状况。

2. 存储

定制家具的存储和普通家具不同，定制家具由于有明确的客户需求，一般不会出现库存现象。但是一批家具在各个部分生产完成前，或成品进入物流环节之前，需要在工厂暂存周转。存储这些周转中的成品的地方就是成品库。成品库中空间被划分成方格，每个方格都有自己的编号，方便查找。入库时，仓库管理员需要用扫描器扫描纸包的条形码，仓库管理系统软件会自动为纸包在扫描条形码后分配存储空间。

↑板件生产都有一定的过程，通过数码化集中入库存放，为每个板件编码更方便查找。

↑不同板材都进行了分区存放，这样方便管理人员进行库存清查工作。

3. 发货

发货时将货物包用周转车搬到发货平台，并对纸包条形码进行扫描核对。无误后，可以将货物装车，统一送往物流点。定制家具配送一般都是由第三方物流负责，货物直接配送到当地经销商处。

↑清点包裹后，统一进行装车作业。

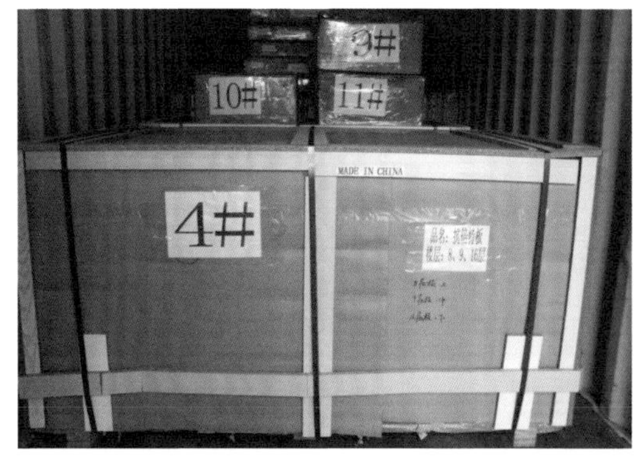

↑定制家具确保订单无误后，由物流公司进行配送，等待客户收货。

↑所有家具板料在生产过程都会制作并打印出二维码或条形码，粘贴板材表面，方便识别。

↑将同一批次板料集中在一起，通过传送带运输到指定位置。

↑同一种形式的家具都要预装一遍，预装不用固定，只需要检查对准开孔部位即可，防止在现场安装时发现问题就要返厂重新生产。

↑将全部检验合格的家具板料集中码放，按板料的大小规格分类叠放。

↑采用纸板包装，用宽胶带粘贴，包装边角加入发泡聚苯乙烯棉用于防止边缘受到撞击而破损。

↑出库前要在货架上平放24小时，待板材适应了环境温度后再出库，可以有效防止板料变形。

随着家居业的不断发展，人们的审美发生变化，越来越多的人追求个性化的产品，全屋定制的家具不仅更符合自己的审美，而且能最大限度地发挥家居的空间，在不知不觉中全屋定制家具开始成为一种流行的风尚。随着全屋定制家具的火爆，人们更加注重家具的使用功能，合理的家具设计加上技艺娴熟的安装功夫。

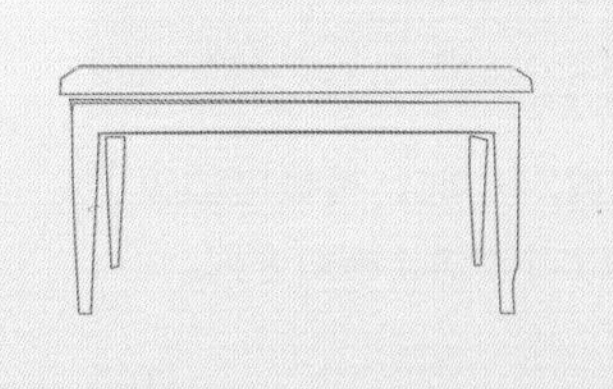

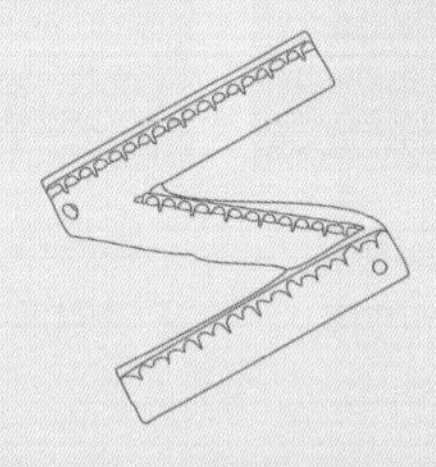

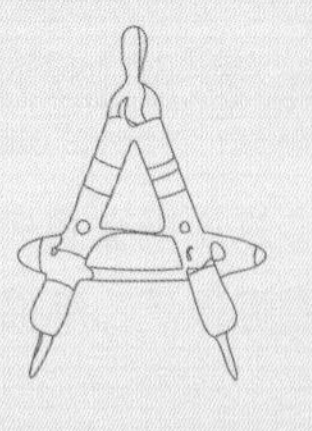

Chapter 6 全屋定制家具安装方法

识读难度：★★★★★

6.1 家具环境验收标准

在装修工程中，家具安装时质量的优劣直接影响到以后家居生活的质量。所有家具的制作、门及门锁、把手的安装等施工都是由定制家具施工人员现场进行施工作业，熟练的安装人员能够想到一些业主想不到的细节。如果你遇到的是刚进入装修行业的“小白”，以后的生活将会充满了不和谐，今天家里的衣柜门推不动，明天家里的橱柜门打不开，各种问题随之而来，在定制家具制作安装中我们需要注意到以下几个方面的验收要点。

←良好的家具环境离不开家具的设计、制作、安装，安装家具的好坏决定了以后生活的质量。

不少人抱怨定制回来的家具，放到家里后感觉与家里的装修风格不搭调，我们在验收时，第一眼就是检查定制家具是否与整体的设计风格、尺寸大小相协调。

↑只有家具与整个家庭环境相协调，观赏起来才会更舒服，居住起来才会更舒适。

↑首先观察整个家具风格是否符合预定的设计风格。

1. 看外观

首先，看家具的外表，检查装修家具外表的质量与检查包门窗的外表质量相似。主要看表面漆膜是否平滑、光亮，有无流坠、气泡、皱纹等质量缺陷；还要看饰面板的色差是否过大、花纹是否一致、有没有腐蚀点、死节、破残等；各种人造板部件封边处理是否严密平直、有无脱胶，表面是否光滑平整、有无磕碰。

↑主要观看家具的表面情况，有无明显的刮痕、气泡、色差等现象。

↑家具外观是家具安装工艺的侧面反映，熟练的安装师傅会注意家具结构与表面细节。

然后，查看家具与地脚线安装连接处是否安装平直，与墙面保持一致，是否存在缝隙及影响美观性的瑕疵。

↑地脚线相当于是为家具“遮羞”，家具板材的连接处的秘密隐藏在其中。

↑家具与地面、顶面的结合处封边很重要，能够将缝隙隐藏起来。

2. 看工艺

家具做工细不细，可以从组合部分来观察，主要看家具每个构件之间的连接点的合理性和牢固度。整体结构的家具，每个连接点，包括水平、垂直之间的连接点必须密合，不能有缝隙，不能松动。

↑家具构件之间的牢固度越好家具使用的年限越久。

↑家具是家庭中的重要结构，一般不会轻易做改动，所以家具的牢固性非常重要。

玻璃门周边应抛光整洁、开闭灵活，无崩碴、划痕，四角对称，扣手位置端正。玻璃与家具的接缝是否严密、外表是否光滑、新亮，有无破损或者不均匀等的情况。

↑观察玻璃柜门与柜体连接是否对称、开关是否灵活、玻璃边缘是否平滑。

↑玻璃属于易碎物品，安装不到位后期容易出现安全事故。

家具的抽屉和柜门应开关灵活、回位正确。柜门开启时，应操作轻便、没有声响。门上下高度保持同一水平，推拉顺畅、自然平稳无异常声音，上下导轨定位准确，与顶部、侧板边缘对齐，靠侧板处无明显缝隙。

↑柜门关闭时，表面完美无瑕，显示出超高的工艺性。

↑在推拉柜门时，不会感到吃力，力度刚刚好为佳。

柜体与组装的配件要连接到位。首先，是柜体结构必须牢固，柜体作为整个家具的主体构造，起到支撑作用。然后，是背板与柜体插槽之间衔接紧密，组装后柜体正面基准面误差小于0.2mm，横向面积小于竖向面。接着，是组装衣柜侧板与层板之间要安装牢固、紧密，上柜与下柜之间基准面保持一致。最后，整组柜体平面高度应维持在同一水平线上，保持整个衣柜的平衡性。

↑查看柜子的柜体与侧板、顶板、层板之间的连接是否到位，检查安装得到不到位，还有安全保障。

↑如果存在大的缝隙，或者柜体上下不在同一水平线上，则说明安装不到位，将会影响整体家具的美观性以及安全性。

3. 看结构

检查一下家具的结构是否合理，框架是否端正、牢固。用手轻轻推一下家具，如果出现晃动或发出嘎嘎吱吱的响声，说明结构不牢固。同时要检查一下家具的垂直度与翘曲度。固定的柜体与墙面、顶棚等交界处要严密，交界线应顺直、清晰、美观。应保证木工项目表面平整、洁净、不露钉帽、无锤印、无缺损。木工分割线应均匀一致，线角直顺、无弯曲变形、裂缝及损坏现象，且柜门与边框缝隙均匀一致。

←观察柜体的内部结构划分是否与设计图纸一致，板材之间的连接是否牢固，板材之间的交界处线条清晰无弯曲。

拉手安装工整对称，观察整体衣柜的拉手是否处于垂直水平状态，表面是否有划痕、色差，与铰链开孔位置无崩缺现象。整体门板线条应当平直，左右门板之间的缝隙应当小于2mm，上下门板之间的缝隙应当小于3mm。铰链安装螺丝帽不能突出或歪斜。

↑查看整个家具的拉手上下、左右是否处于垂直、水平的状态。

↑观察竖向或横向的拉手保持花纹方向是否大体一致。

安装好的拉篮、裤架、格子架、旋转衣架在抽拉或旋转时应该是顺滑自然，在手感上无明显阻滞现象，来回出入不会产生异常声响。挂件、衣通、领带夹安装位置应尊重客户使用习惯，安装后要稳固安全，使它左右平衡在同一水平线上。

↑体验拉篮在抽拉时是否顺畅无阻。

↑裤架在前后抽拉时是否会感到阻塞。

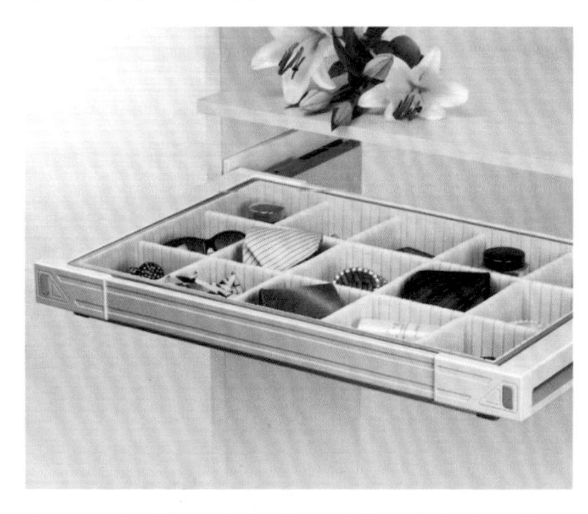

↑用手感受格子架在滑动时是否会左右两边摇晃，整个格子架是否在同一个水平线上，是否存在左高右低等现象。

↑旋转衣架在验收时，用手轻轻转动衣架，看是否存在转不动的现象，同时看整个架子是否有倾斜情况。

图解小贴士

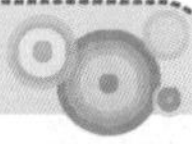

检查家具的结构时，还需注意的是家具的五金件是否有破损、生锈、刮伤、色差，以及明显的螺钉是否没有拧紧等现象，五金件在后期使用过程中出现问题更换十分的烦琐，同时款式、色泽上有一定的差异。在选择五金件时应该选择有品牌、口碑好的商家。

4. 看尺寸

定制家具不仅仅要求美观与个性，更重要的是家具的实用功能。首先是家具的尺寸是否符合人体工程学原理、是否符合规定的尺寸，决定着家具用起来方便与否。以家庭中的橱柜为例，橱柜台面的高度、吊柜安装的高度要以一家人的平均身高以及常进厨房的人身高为准，只有适宜的高度才是最好的。家具的尺寸并没有固定的数据。在检查家具尺寸时，模仿平时休闲、劳动时等动作，会不会感觉到疲惫及不舒适等现象。

↑适宜的家具高度可以让你在劳动时更省力、更轻松。

↑从人机工程学原理出发，家具的尺寸更符合客户的生理需求。

根据人机工程学的原理设计成人与儿童的书桌，首先是成人的身高基本上已经固定了，可以按照成人实际身高与站立与坐下的尺寸进行书桌设计；相对于成人，儿童书桌在设计上需要考虑到更多的问题，儿童的身高是不断变化的，在设计书桌时需要根据现有的身高以及预测身高来进行设计。

↑成人的身高已经固定，选择最合适的尺寸设计书桌，可以得到最舒适的享受。

↑使用可以上下移动的隔板来设计书桌，来陪伴儿童一起成长。

5. 看效果

“细节决定成败”这句话在家具设计中一样的适用。定制家具安装完成后，整体效果与细节处理紧密相连。首先，要看家具左右及上部封边是否处理到位，要做到无难看的缝隙、完美地与墙面贴合在一起。一般家里的衣柜为了增强收纳空间会直接做到顶部，那么，我们需要仔细观看天花角线接驳处是否顺畅，有没有明显对称和变形；天花角线表面是否端正、洁净、美观，与衣柜的接缝处是否连接严密、无歪斜、没有错位等现象。

↑以小见大，从看家具的细节处理可以看出家具整体的效果。

↑最终家具的效果所呈现的视觉效果决定家具的整体价值。

↑验收时家具与整个家居风格融为一体，家具的整体效果也得到最好的呈现。

6.2 全屋定制家具安装流程

定制家具的特殊定制方式决定了其最终安装过程不会在厂家完成，而是由客户所在地的门店安装师傅负责。由于定制家具自身的结构比较规范，连接方式比较标准，安装人员只需要进行一定时间的培训就可以掌握安装方法。为了确保家具的结构尺寸等不出现问题，较为复杂的家具会在生产完成后再在工厂进行试装，试装无误后，拆开，再进行包装。现场安装操作时，安装师傅只需要参考设计图纸就可以完成安装。现场安装过程包括定制家具自身的组装、定制家具与墙体配合等。

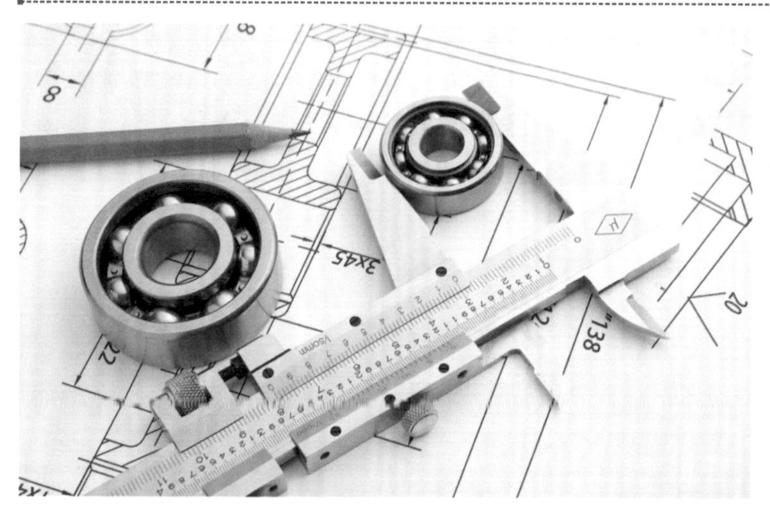

←定制家具在工厂制作完成之后是由专业的安装师傅上门，根据设计图纸进行安装作业。

←现场安装后的家具整齐、没有瑕疵、实用性强，经过业主检查验收后方可离场。

1. 安装准备工作

安装前，需要先联系客户预约时间，初步确定到达客户家里的时间，让客户做好准备工作；由于各种原因未能按照预定时间到达客户家中时，安装人员要及时通知客户，并说明原因，以及估计到达时间。并根据订单的工艺要求、安装难易程度、安装速度等规划安排人员组成，准备安装工具和相关文件，按约定时间到达现场。

↑准备好安装需要使用的工具及配备专业安装人员。

↑安装工具提前准备好，防止之后安装出现工具缺失问题。

2. 检查包装的完好性

根据订单对零部件进行核对。首先检查配件是否齐全，打开包装核实配件、板材和五金件，以免浪费安装时间。柜体板件包数量是否与包装明细的包数吻合，然后检查玻璃是否破碎、门板是否刮花，若有异常情况立即报告部门经理。

↑要检查物流包装是否有外观破损，然后在将包装拆开。

↑拆包后对材料清单进行核查完毕，同时清点板材及五金件的数量。

3. 清理操作区域

（1）要清洁柜体安装部位的地面和墙面，防止墙面有凸起部分，家具安装后无法清洁处理，对柜体稳定性造成影响。

（2）要在客户家中规划出一个安装人员的工作区域，清洁后在此区域进行组装操作。安装时，可以将包装材料平铺到地面，保护家具板材表面。

↑对整个房子墙面以及安装家具会接触的面进行清扫，保护墙面的完整性。

↑提前对每个房间进行打扫，能够有效避免后期因打扫不到位造成的卫生死角。

（3）处理好家具与墙面交界处，对柜体与墙面、柱体、天花板等各个方向的交界处进行处理，对缝隙进行填充，并使用同色盖板遮挡。

（4）保护客户地面不受损伤。这是家具装修中较为重要的环节，铺垫地面保护膜，给家具铺垫保护物，防止划花家具、地板，部分家庭会先装完地板再安装家具，铺垫地面保护膜可以有效防止地板受到磨损。

←图为安装师傅为地面铺垫保护膜，防止装修过程中对家具板面及地面造成磨损。

4. 放样

施工员在制作前，要先熟悉柜体设计图纸。柜体设计图纸对于柜体尺寸、安装位置必须有明确说明。看过设计师的方案，工人知道了具体要制作哪些柜子，并确认完柜子的尺寸后，在相应位置画线。

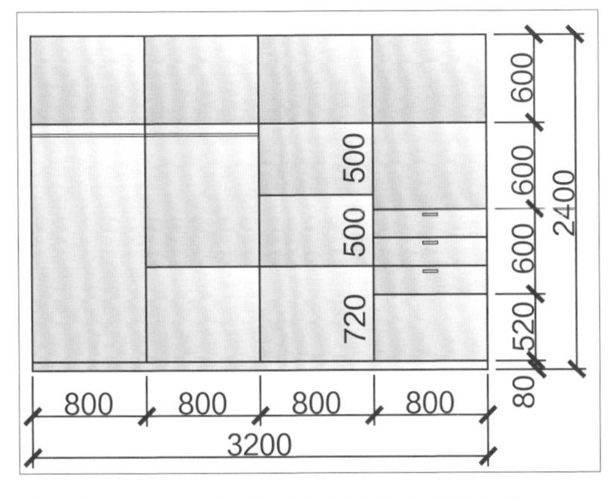

↑先熟悉图纸，确认图纸上的数据没有差错。

↑确认完柜子的尺寸后，在相应的位置画线。

5. 找固定点

按照设计要求，如果柜子是固定在墙上不能移动的，例如家里的衣柜就经常做成不可移动的，工人师傅不仅要根据设计图纸画线，还必须根据固定家具尺寸在墙面上确定固定点。对照图纸确定安装位置，如有一单几个柜放在一起的，先询问客户房号，对应房号将板件分类堆放。

←按照设计图纸要求，根据柜子的尺寸、大小，在墙地面找好柜子的固定点，并做好记号。

6. 安放底板

衣柜底板放置的地面事先要打扫干净，因为等安装后再去清理的话会非常麻烦，且不易清理干净。将地板放好并固定，打好地基。

7. 组装

先组装柜体、抽屉等部件，在组装过程中，需要按照设计结构图纸，根据指定的顺序进行组装，切不可凭感觉。安装柜体时，需要对室内的尺寸进行再次测量，确保柜体可以安装到位，如果出现地面高度不平、墙体缝隙等问题时，需要对柜体的尺寸进行调整，确保安装上去没有问题。

↑先确定好底板的位置，在安装之前做好清洁工作。

↑板材上一般都按设计图留好了钉眼，在现场的工人用专用工具把螺钉固定好即可。

8. 测量

组装好的框架用卷尺进行复尺，确定框架尺寸不存在问题。

↑先测量柜子的层高，确定没有误差。

↑后测量柜子的宽度，整体没有尺寸上的问题。

9. 固定框架

按照定制家具设计图上的要求，安装好衣柜的背板，防止衣柜不稳定发生倾斜。将连接好的框架固定起来，进行微调整后固定在墙体。

↑板材上一般都按设计图留好了钉眼，在现场的工人用专用工具把螺钉固定好即可。

↑板材上一般都按设计图留好了钉眼，在现场的工人用专用工具把螺钉固定好即可。

10. 安装顶板

提前准备好一个攀高用的梯子，顶板要举高了放在侧板上，然后用三合一五金件固定住。

11. 安装层板

先用铅笔画好每层板的中心线，再钉钉子。将层板放置到事先预埋螺母的地方，然后用螺丝刀固定。处理好层板与背板、侧板的固定位置，安置好的侧板不能有凸出，需及时做出调整。

↑安装顶板时需要注意顶板与侧板、框架接缝处的紧密结合。

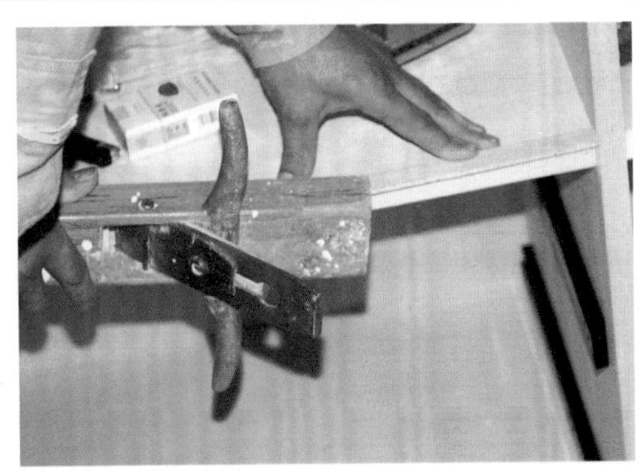

↑安装好了以后可以用工具或者橡胶锤进行调整。

12. 安装门轨

保证推拉门上部的轨道盒尺寸为：高120mm、宽90mm。在轨道盒内安装推拉门轨道时，把上轨道固定好，用重力锥（吊线锤）在上轨道的两端和中点吊3个点与在地上用油笔画出来3点定面，把上轨道安装好，然后对着上轨道的中心点放一根吊锤到地面，轨道的两端都要放垂直线，确保上下轨道完全平行就可以了。

13. 安装抽屉导轨

滑轨安装时需要将内轨从抽屉滑轨的主体上拆卸下来，将分拆滑道中的外轨和中轨部分先安装在抽屉箱体的两侧，再将滑轨安装在抽屉的侧板上。

↑在衣柜的顶部和底边都固定好合金门轨道，现在轨道不用固定太紧，只需固定即可。

↑侧板定好的位置上装上抽屉导轨，尺寸一定不要弄错。

14. 安装抽屉

在测量好的位置上用螺钉将内轨固定在抽屉柜体上，将螺钉在对应的孔位上紧固。

↑安装时注意保持两边的内轨水平平行，否则安装时会出现卡壳推不进的情况。

↑将事先组合好的抽屉安装到导轨上，并尝试前后推拉几次，检查是否安装到位。

15. 安装衣通

从顶步固层下移38mm画横切线，侧板分中画竖切线，交叉点为衣通上方第一个眼的中心位。

16. 安装柜门

先把铰链放在柜门上并做好位置记号，并将柜门一侧的铰链装上去，再装到柜体上。

↑在预留的位置打好固定螺钉，安装好衣杆，安装时需要注意衣通两边要平衡。

↑柜门安装时要遵循“先松后紧”的原则，铰链调整到位了再做紧固操作。

17. 安装拉手与移门

用卷尺测量拉手的安装孔距，用拉手比画下柜门板，在衣柜或橱柜门上测量好安装位置。外侧手握拉手，内侧将螺钉从柜子内侧穿向外侧，螺钉对准拉手安装孔，用螺丝刀拧紧即可。移门安装最简单，先将门扇上部插入上滑轨中，再将下部插入下滑轨中，在移门下部左右侧面有螺钉可以调节门的垂直度。

↑安装拉手前，需要在门板上做记号，确定位置，保持在同一水平线上。

↑移门安装要贴和门导轨的位置安装，先固定好移门再把底边的导轨固定好。

18. 调整改良

家具大致安装完以后，对整体衣柜做最后检查。首先，检查连接处是否有缝隙；其次是五金件是否松动，有没有安装不到位等问题；最后，检查整体家具的“横平竖直”，有没有出现倾斜。清理安装过程中产生的杂物和家具上的灰尘等，清理加工痕迹。检查工具、配件的完整性。

↑检查五金件是否有松动，进行加固处理。

↑观察家具是否符合“横平竖直”的标准。

19. 验收

对柜体结构稳定性进行检查，可以摇晃下柜体看看是否牢固，在细节方面是否到位。确保连接紧密，结构上横平竖直。对活动部件、功能组件的可用性进行检查，确保功能稳定可靠。

↑检查家具的牢固性，必要时可以摇晃家具柜体，感觉是否有明显的晃动，保障在后期使用中没有安全隐患。

↑检查家具细节是否存在毛边、上下不平、左右不对称等问题。

6.3 配套工具设备

定制家具在安装的过程中需要使用到许多专业的安装工具，在安装前将所有需要用到的工具罗列齐全，避免在安装的时候因缺少部分工具，而耽误工期。

←定制家具在安装时有配套的安装工具，不同的工具安装不同的家具。

1. 冲击钻

冲击钻主要适用于对混凝土地板、墙壁、砖块、石料、木板和多层材料上进行冲击打孔。在柜体需要挂墙时，用来固定吊柜打膨胀螺栓、入墙螺栓的工具，也可以在承重实体墙上开孔。配置钻头有Φ6、Φ8、Φ10、Φ12、Φ14等型号。

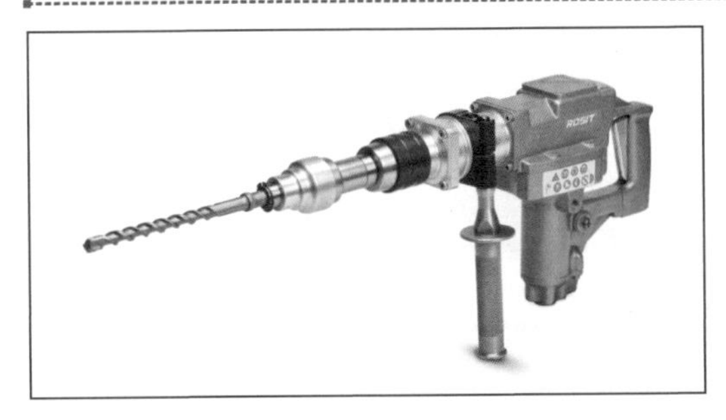

↑由于冲击电钻采用双重绝缘，没有接地（接零）保护，因此应特别注意保护橡套电缆。

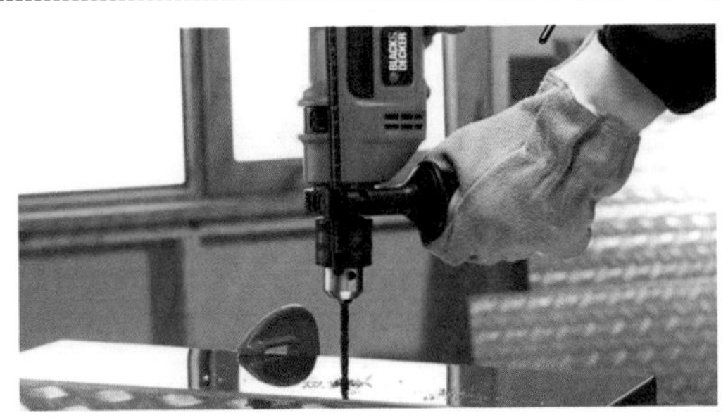

↑手提移动电钻时，必须握住电钻手柄，移动时不能拖拉橡套电缆。

2. 手电钻

手电钻就是以交流电源或直流电池为动力的钻孔工具，是手持式电动工具的一种，用来开螺丝引孔、拉手孔、改柜子结构孔位、连接柜子螺丝等。须配置十字螺丝批头，用来安装三合一配件及其他配件螺丝。钻头型号有Φ3、Φ4、Φ5等几种。

↑与冲击钻不同的是，手电钻装有正反转开关和电子调速装置后，可用来作电螺丝。

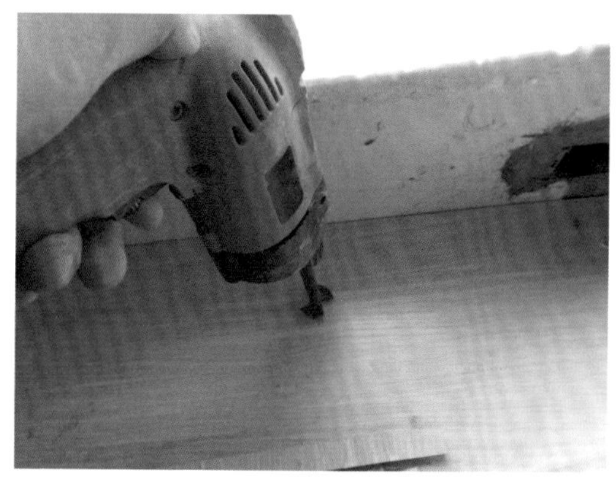

↑有的型号配有充电电池，可在一定时间内，在无外接电源的情况下正常工作。

3. 曲线锯

曲线锯的结构上主要由串激电机、减速齿轮、往复杆、平衡板、底板、开关、调速器等组成。其工作原理是电机通过齿轮减速，大齿轮上的偏心滚套带动往复杆及锯条往复运动进行锯割。可用于家具安装现场柜体孔位开孔，以及收口、脚线、顶线的裁切，配置的锯条为密齿型。

↑曲线锯不适合切割3mm以下的木板，板面太薄无法支撑锯条切割。

↑板面单薄没有足够的刚度支撑锯条高速上下运动。

4. 开孔器

开孔器（切割器）安装在普通电钻上，就能方便地在铜、铁、不锈钢、有机玻璃等各种板材的平面、球面等任意曲面上进行圆孔、方孔、三角孔、直线、曲线的任意切割。在家具安装上，主要用来开通线盒、插座孔、现场开字台线孔、背板插座孔等用途。

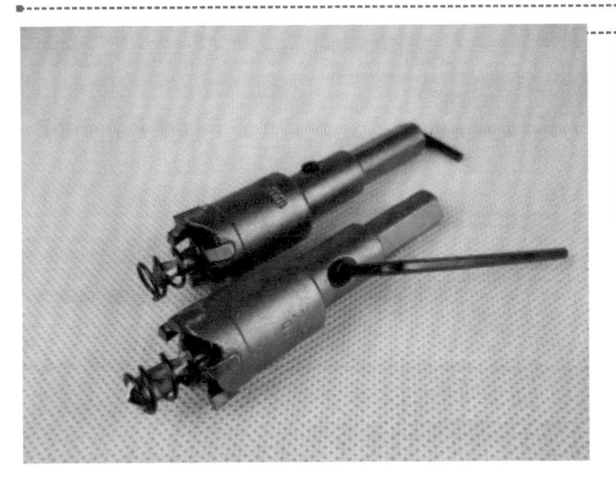

↑根据家具需要开孔的形状、大小，可以选择不同型号的开孔器。

↑在家具板面上进行开孔作业，能将桌面多余的线条加以整理。

5. 水平尺

水平尺的工作原理是利用液面水平的原理，以水准泡直接显示角位移，测量被测表面相对水平位置、铅垂位置、倾斜位置偏离程度的一种计量器具。可以用于地柜或吊柜安装，对于柜体水平调整，以及拉篮抽屉等五金配件安装时的水平调节，使用长度为1000mm刻度水平尺即可。

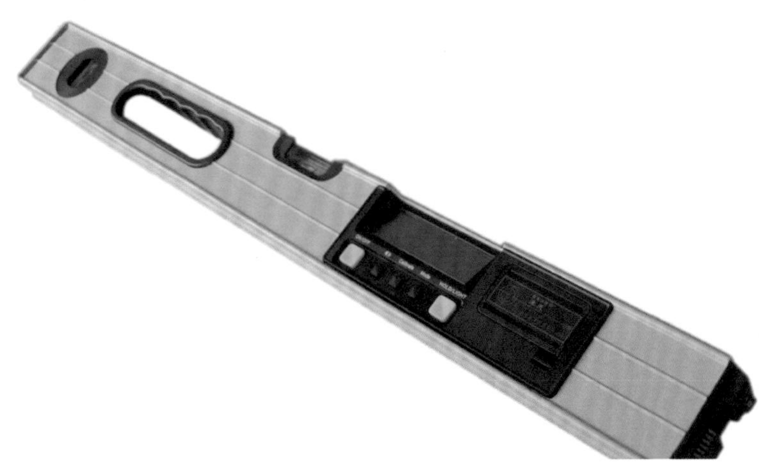

←水平尺容易保管：悬挂、平放都可以，不会因长期平放影响其直线度、平行度。如长期不使用，存放时轻轻地涂上薄薄的一层一般工业油即可。

6. 玻璃胶枪

玻璃胶枪是一种密封填缝打胶工具，玻璃胶枪可分为手动胶枪、气动胶枪、电动胶枪三种类型。使用时先用大拇指压住后端扣环，往后拉带弯勾的钢丝，尽量拉到位，先放玻璃胶头部（带嘴那头），使前面露出胶嘴部分，再将整支胶塞进去，放松大拇指部分，再挤压就可以了。

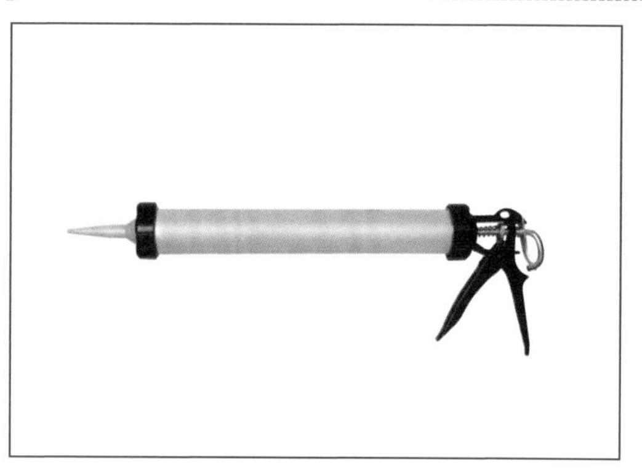

↑玻璃胶枪主要用于现场的台面板靠墙、收口、顶底板同墙体之间的密封用途。

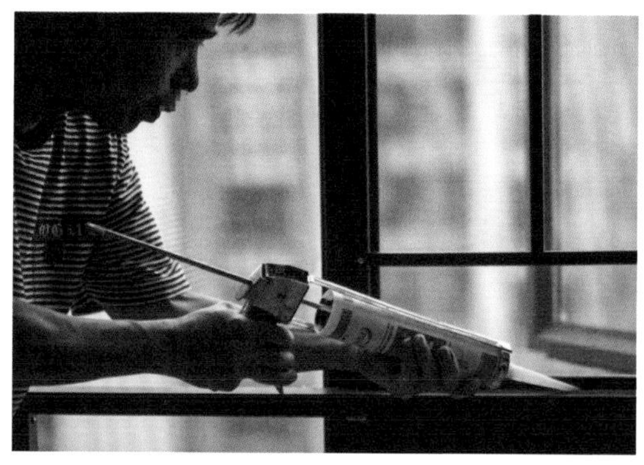

↑记住打胶时需要用手托住玻璃胶枪，手动按压即可。

7. 卷尺

卷尺是日常生活中常用的工量具。大家经常看到的是钢卷尺，建筑和装修常用，也是家庭必备工具之一。在定制家具安装中，安装人员常会使用卷尺对家具板件进行测量，以及在家具定位时使用。常使用标准为5mm刻度，尺长为7.5m的卷尺。

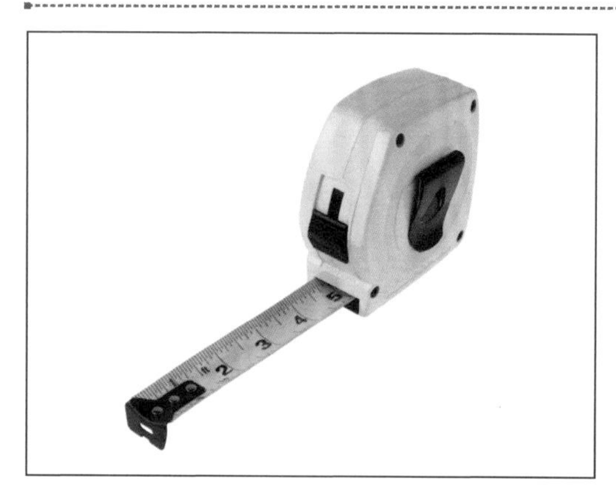

↑在用卷尺时，注意切勿用手触摸卷尺的尺条边缘部分，卷尺测量完后，卷尺的弹簧会收缩。

↑标尺在弹簧力的作用下也跟着收缩，手一旦接触到尺条就容易划伤。

8. 直角尺

直角尺，是检验和划线工作中常用的量具，用于检测工件的垂直度及工件相对位置的垂直度，是一种专业量具。使用前，应先检查各工作面和边缘是否被碰伤、弯曲。角尺的长边的左、右面和短边的上、下面都是工件面(即内外直角)，将直尺工作面和被检工作面擦净。

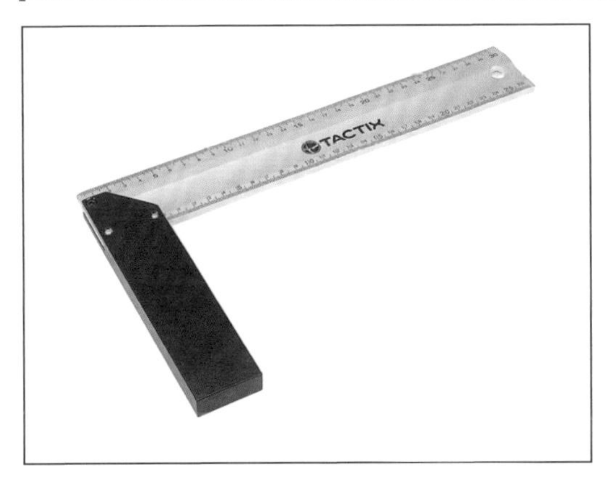

↑直角尺是用来画或检验直角的工具，有时也用丁画线。

↑直角尺可用于现场画直角线段，如柜体现场改孔时画直角线。

9. 橡胶锤

橡胶锤的锤头部分是采用橡胶制作而成，相比较传统的木锤与铁锤，橡胶锤在安装定制家具时效果更为明显。橡胶锤使用时不会在家具表面形成损伤及凹凸。常用于现场组装安装操作，例如安装固定隔板托、收口板、修整板面高差等。一般安装家具时使用中强度橡胶，有微回弹力。

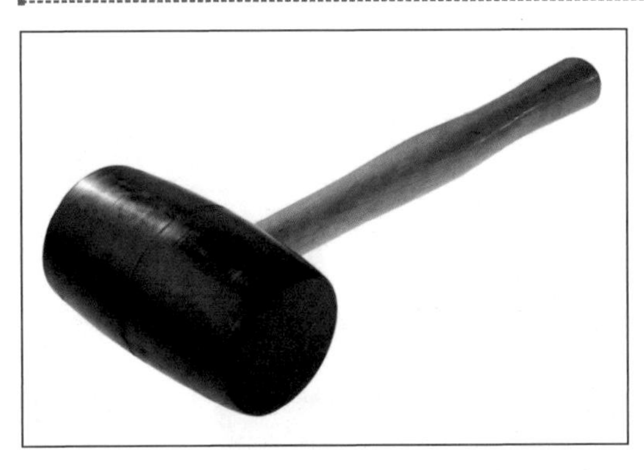

↑橡胶锤在使用的过程中要保持锤子表面干净无异物。

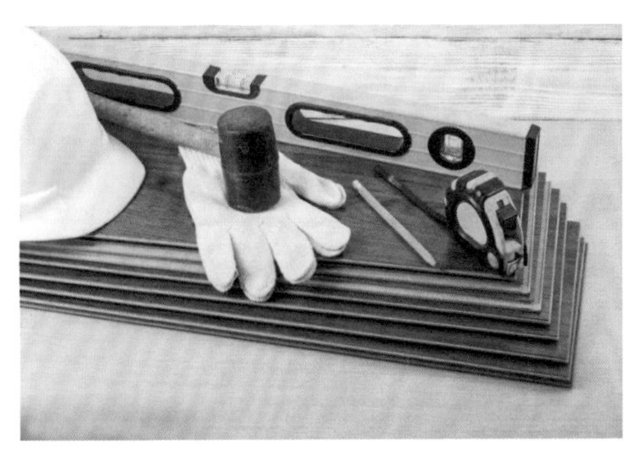

↑橡胶锤在敲打时落锤无痕，不会损伤家具表面。

10. 螺丝刀

螺丝刀是一种用来拧转螺丝钉以迫使其就位的工具，主要有一字与十字两种。现在有一种新型的组合型螺丝刀，安装不同类型的螺丝时，只需把螺丝批头换掉就可以，不需要带备大量螺丝批，好处是可以节省空间，却容易遗失螺丝批头。使用时要求手部与胶把手紧握、用力，螺丝刀用来拧螺丝钉时利用了轮轴的工作原理。当轮越大时越省力，所以使用粗把的改锥比使用细把的改锥拧螺丝时更省力。在选择时尽量选择质感好、胶把手与手部适宜的螺丝刀。

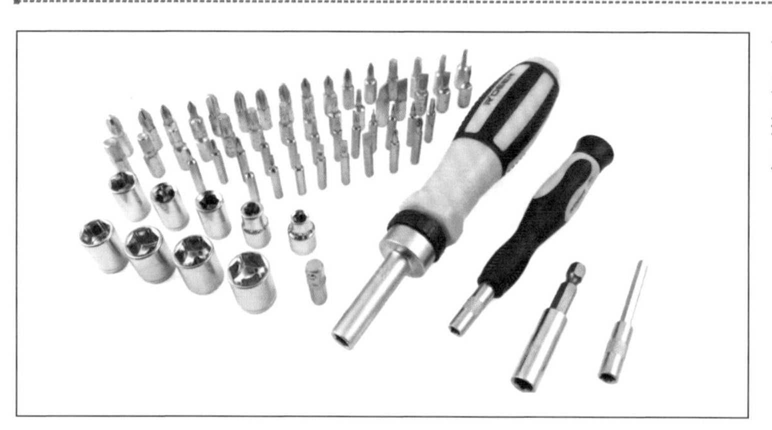

←螺丝刀在现场安装时，主要用于拧固螺丝或调节抽屉拉篮的导轨、门板拉手及铰链。

11. 内六角扳手

内六角扳手也叫艾伦扳手，它通过扭矩施加对螺丝的作用力，大大降低了使用者的用力强度，是工业制造业中不可或缺的得力工具。常用规格为10mm、8mm、6mm、4mm、3mm、2.5mm、2mm、5mm。

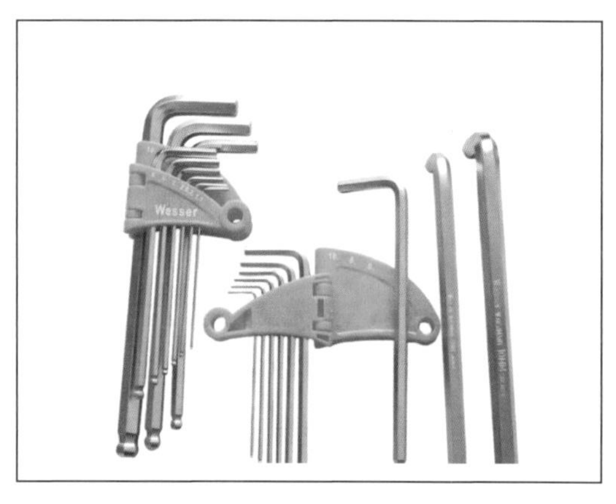

↑内六角扳手的规格较多，用于多种口径的螺丝。

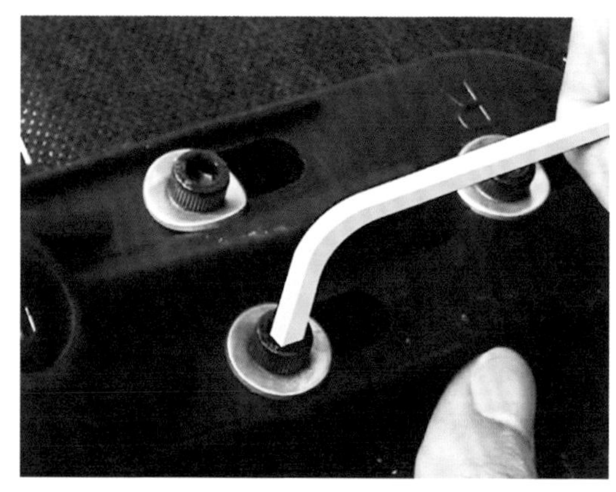

↑内六角扳手用于在现场安装时需要拧固特殊螺丝等结构部件。

12. 裁纸刀

裁纸刀可用于现场裁切小件材料。例如，对家具板材上的毛边进行清除、磨平；拆物流箱时作为开箱工具使用；也可以用来削铅笔。

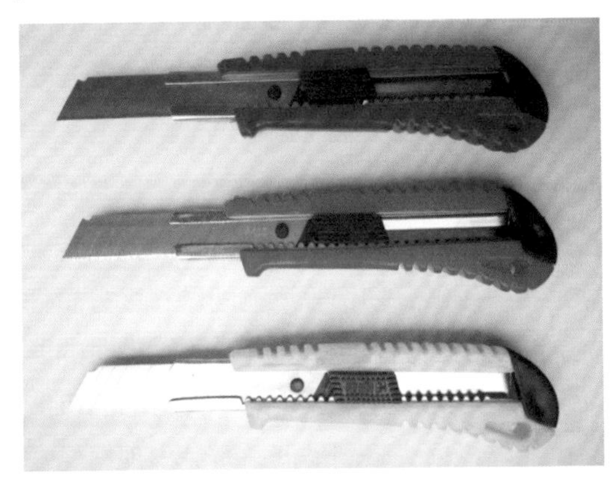

↑裁纸刀作为一个小件工具，在关键时刻能发挥作用。

↑削铅笔是现场安装施工中必不可少的工作。保持铅笔尖锐状态，画线定位更精确。

13. 铅笔和水彩笔

铅笔主要用于现场安装家具时作为定位画线的工具，特点是容易擦除，不留明显痕迹。也可以作为木工在安装板材时做记号使用；水彩笔具有良好的色彩性，特点是色彩鲜艳，颜色种类多，在定制家具安装中主要用于对铅笔无法使用的瓷片或金属表面的画线定位，使之产生明显的颜色对比，利用多种不同的颜色区分不同的板材及家具配件。

↑在定制家具安装中使用的铅笔一般是5H，特点是颜色浅、硬度高、易擦拭、不易折断。

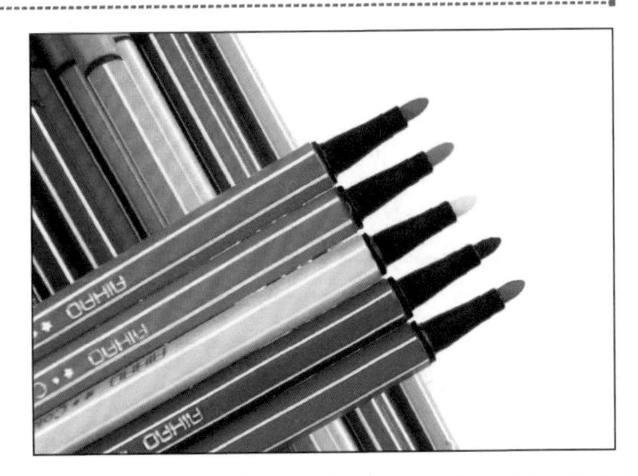

↑水彩笔在家具安装中常用作记号笔使用，特点是明度高、易于区分。

6.4 清点材料与构件

1. 清点板材

首先，安装家具人员一定要在物流点提货前仔细检测包装是否完好无损，是否有破损，如果一旦发现有这样的情况，拒绝收货；若是业主，在安装人员提货到家时，一定要让现场安装人员开箱检查破损部位的内部家具，是否有磕碰、划伤等运输问题；区分责任方；其次，开箱后检测收到的产品的外观、颜色是否完全符合最初家具设计签单时的要求，定制家具从设计到加工再到物流出库，中间经历了多道工种，难免会有出错的可能性，检查一下总是没有错的。万一出现了失误，也能够将损失降到最低，避免出现已经安装好的家具并不是顾客想要的东西，这样对顾客朋友以及商家自身都是很大的损失，也会使自身品牌大打折扣。如果有玻璃制品或者是塑料制品，建议检查是否有破碎或者是变形等现象；最后，在家具安装前要给家具安装人员提供大块的棉布铺设在地面上，以防在安装过程中划伤家具表面。

↑将所有家具的板材表面检查一遍，观察是否有明显的磕碰、划伤等问题，同时查看每块板材之间是否有色差问题。

↑地面保护膜能有效的防止地面被家具器材刮花、损伤等现象，保护地面地板不受安装工程的影响。

图解小贴士

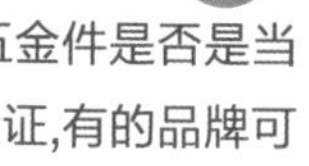

查看衣柜板材和五金件时，特别需要注意的是，需要着重观察现场的板材与五金件是否是当初自己签订合同时的规格及品牌。品牌的板材和五金件可以通过查看防伪标志来验证,有的品牌可以手机扫码识别，防止一些不良商家偷换家具材料和五金件，做出不符合合同的家具产品。

2. 检查家具五金配件

家具五金配件在家具中所占的位置十分重要。高档家具之所以好，一方面在于它的用材好、工艺性强；另一方面是选用的五金件品质好，它的收纳功能全凭五金件的配置。除材料的因素外，五金件的配置是中高档和低档家具的重要区别，五金件的好坏直接影响着一套家具的综合质量，对于家具的正常使用及寿命至关重要。

←家具五金配件是定制家具的重要组成部分，五金配件的好坏决定了整体的家居氛围。

家具五金中以五金拉手应用最为广泛。家具五金拉手顾名思义就是家居用品中涉及家具的五金拉手，家具五金拉手可以嵌入新近流行元素的高档橱柜配件，用全新的工艺制作，以艺术品的标准生产，经过电镀流行仿古、时尚颜色而成，代表色可以为古铜、白古、古银、喷粉、银白、闪银、烤黑、镀金、镀铬、拉丝、珍珠镍、珍珠银等居家色彩。

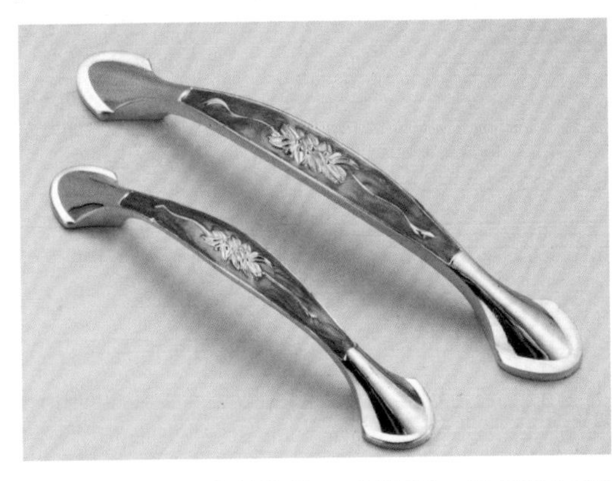

↑经过全新工艺制作的五金拉手，外形更加美观，风格更加多样化。

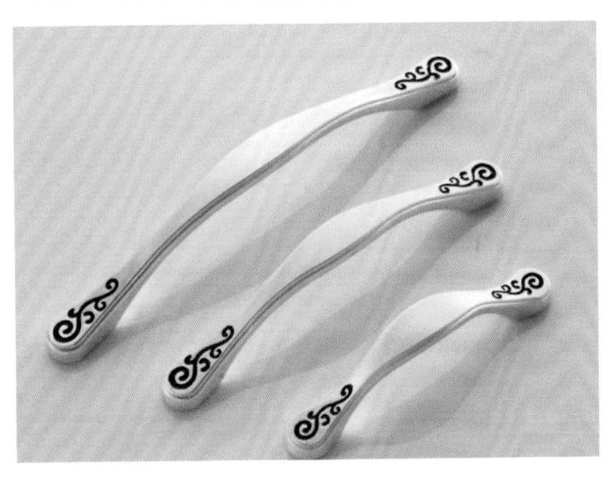

↑根据不同颜色、风格的拉手可以适应不同的家具。

从包装上，看装拉手的袋内是否有残渣，PE袋大小是否合理，包装用料与印唛（标签）是否正确，装箱是否取到了保护产品的作用，也可作一下试摔测试，或者做一下耐破抗压测试。总之，在验货时从多角度、多方位出发。

观察表面是否有电镀起泡、砂孔、电镀水、刮伤、碰伤、有毛刺等问题。同时，拉手的色泽也非常重要，不是同一批的产品一般会存在较小的色差，虽然不影响使用，但是影响整体的美观性。如果存在这种现象，在安装时，将有色差的部分拉手按颜色安装，可以有效地避免这类问题。

↑观看物流包装盒外包装是否破损。

↑可将拉手排成一排，看外包装是否存在问题。

↑将所有的包装进行拆除，放在有铺垫的地面排放好。

↑将拉手取出摆放在一起比较，看表面是否存在上色不均匀、色差、变形、刮伤、毛刺等问题。

从用材上看，如果选择较为高档或进口拉手，需要检测是否符合国标或进口标准，看是否以次充好。

五金配件的品质关键要看表面光滑度，另外，注意开启时的感觉，要求顺畅自如，没有噪声或噪声很小。在生活中，常常会出现这种情况，明明你不想打扰到家人，想轻轻地关门，可是不管你怎么注意，那种咯吱咯吱的声响总是不合时宜的发出来，既打扰了家人又惊醒了自己。如果说一套好家具品质上乘，营造了高品质的生活空间，那么，五金配件就是这个空间中的小精灵，尽职尽责地捍卫着家具的平静与安宁。

←五金配件是营造高品质的生活空间的重要条件，为良好的家居生活创造了多彩空间。

我们在使用家具时的不便，很大程度是因为家具的五金配件选用不当或者缺失造成的。家具的质量和档次很大程度体现在五金配件的选用上。柜门的脱落、令人烦躁的吱呀声一般都是由劣质的五金配件引起的。因此，制作优良的五金配件在家具中的作用非常重要。

↑柜门关闭不严，影响了家具的整体美观性，使用时产生的声响令人苦恼。

↑柜门不能自动弹回也是很烦躁的事情，一旦忘记就会使柜内物品暴露出来。

优良的五金配件是保障家具质量的关键，如合页的重要性。无论柜门的大小、轻重，每扇门上都至少要安装三片合页，以确保合页的正常使用寿命和防止门的扭曲、变形等。选择合页一要考虑门的材料和结构；二要考虑门的尺寸、厚度和重量；三是要考虑门的开启频率；四是要考虑装饰效果；五要考虑潮湿空气、灰尘等侵蚀环境的损害；六要考虑价格。好的合页是可以根据空间、配合柜门开启角度均有相应铰链相配，使各种条件下的柜门都能伸展有度。

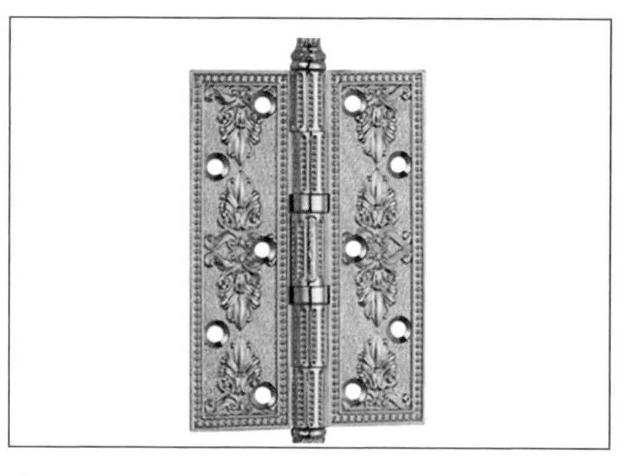

↑合页是家具的灵魂所在，是保障家具开合正常使用的关键。

↑室内门在安装合页一般采用三片式，上中下各安装一片，保证门的承重均衡。

↑有些不同类型的门可以采用不同造型的合页，可具有一定的装饰作用，增添家中的美感。

↑那些不同厚度、材质的门会采用不同型号的合页，只有选择对的才能使家具更好地为我们服务。

又如，一套独特的上滑道式铰链可让人们轻松拥有漂亮的折叠式柜门。这种铰链克服了传统下滑道设计中容易积尘又欠美观的缺点，让柜门沿上面轨道自如滑走，别具一格。

←折叠门能够更好地利用空间，但是在制作工艺上要求较高，所选用的五金件都必须是高规格、高质量的五金，否则后期维修相当吃力。

优劣不同的铰链使用手感不同，质量过硬的铰链在开启柜门时力道比较柔和，关至15°时会自动回弹，且回弹力非常均匀。劣质铰链表面与优质铰链相差无几，但使用寿命短，且容易脱落，如柜门、吊柜变形、脱落下来，这些多是由于铰链质量不过关所引起的。

↑家具良好的使用性与铰链分不开，铰链的优劣直接影响到家具的使用功能。

↑劣质铰链多次使用过后会出现家具板面变形、柜门无法关闭等情况。

3. 检查厨房配件

人们常说“品质在细节”，家具品质的高低，很大程度上取决于所选用的五金配件。所以在挑选家具的时候，除了关注品牌、板材、甲醛含量、样式外，千万不要忘记看下它们的五金配件。

橱柜五金配件是厨房设备的重要组成部分之一。橱柜五金配件在橱柜材料中占有重要地位，直接影响着橱柜的综合质量。整体橱柜五金配件包括铰链、滑轨、压力装置、地脚、拉篮、抽屉滑轨、吊码、封条、吊柜挂件。在检查橱柜配件时首先看外观，其次是配件的质量关，最后检查配件的数量有无差错。

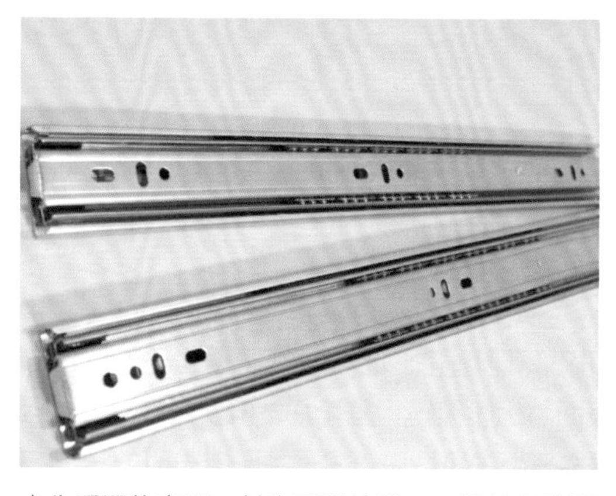

↑先看滑轨表面，其次用手掂量，一般较好的滑轨重量大。

↑抽屉滑轨决定了抽屉能否自由顺滑地推拉、承重、会不会翻倾，全靠滑轨的支撑。

地脚具有支撑柜体平衡的作用。市场的劣质橱柜则采用再生塑料地脚，长时间使用易老化，柜子会失去平衡而塌陷，造成人造石台面的断裂，橱柜则无法再使用。

↑金属地脚质量高于塑料地脚，且使用年限更长。

↑优质的金属地脚具有防潮、延长橱柜使用年限的作用。

吊码是家具橱柜的配件，是安装在吊柜中的起调解高低作用的橱柜五金配件，可以把吊柜挂在墙上的一个小五金配件，实现吊柜和墙体的连接。

↑优质的吊码色泽闪亮，摸起来光滑、没有毛边。

↑吊码是支撑吊柜的主要力量，吊码的质量对吊柜的使用寿命起决定作用。

拉篮的好坏是关系到今后使用厨房是否舒适、方便以及时尚的功能性配件。拉篮具有较大的储物空间，而且可以合理地区分空间，使各种物品和用具“各得其所”，还能将拐角处的空间充分利用，实现空间使用价值的最大化。

拉篮一般是按橱柜尺寸量身定做，所以提供的橱柜尺寸一定要准确。拉篮本身是耐耗品，不易损坏，而其自身的分量越重越增加滑轮承重的压力，减少轨道使用寿命，所以拉篮不是越粗越重越好，但也不能太细，否则容易脱焊，一般主杆不低于$\Phi8$以下。拉篮表面光滑，手感舒适，无毛刺。

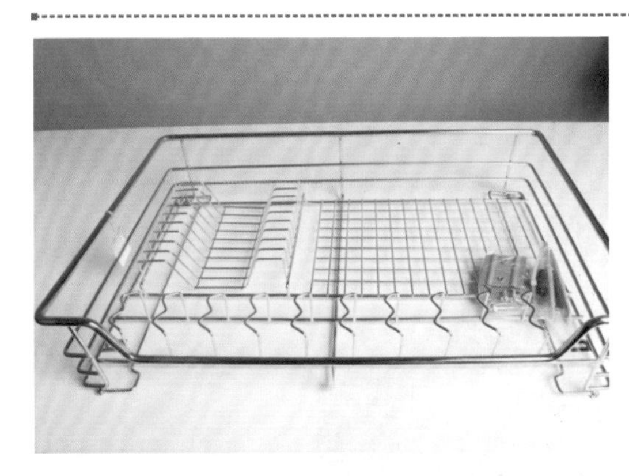

↑表面光亮饱满、外观精美的拉篮质量较好。将拉篮水平放置在地面上不会左右不平衡，底部材料排列要均匀，手摸表面无毛刺、无麻点。

↑拉篮的网格交接处焊点饱满、无虚焊等现象，节点均匀。最后还是要检查拉篮的所有扣件是否齐全。

6.5 加装成品五金件

1. 门锁安装

门锁安装的效果直接影响门的使用性及安全性，因此门锁安装的每一个细节都是不可忽视的，不同类型的门在门锁安装步骤上有细微的不同，如普通门锁安装与防盗门锁安装就存在小差异。

首先确定开门方向。开门方向决定了我们在安装门锁的时候，将门锁安装在哪一侧。那么，如何确定开门方向呢？打开门看看合页在哪边，一般合页在的那边就是开门的方向。因此，在门的不装合页的那一侧装门锁，就能保证门锁的方向是对的。

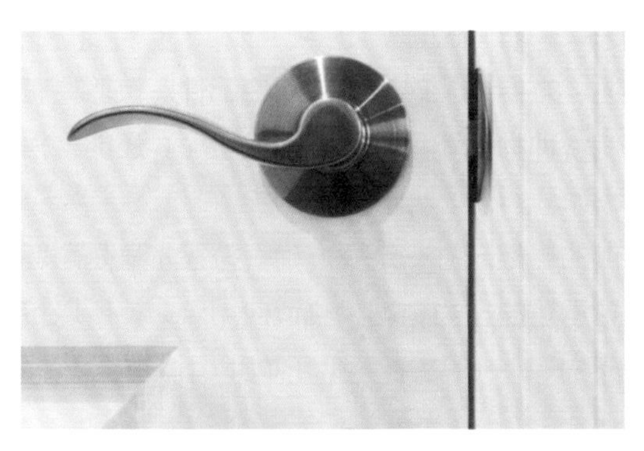

↑门锁的方向决定了开门的方向，首先确定好方向。

↑上锁的那一侧是在室内，插钥匙的那一侧在室外就可以了。

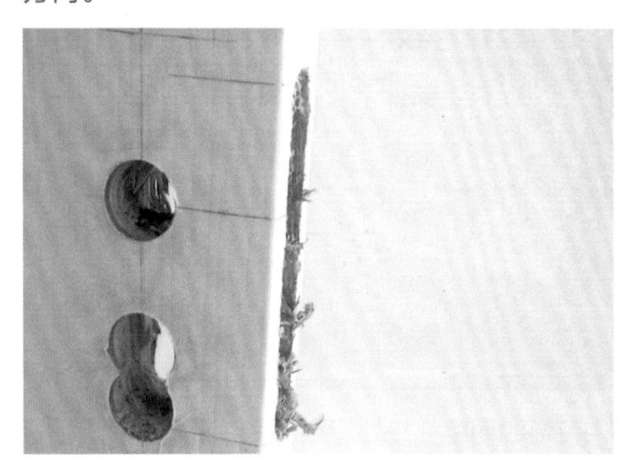

↑首先按锁体安装尺寸图示，在适合的位置进行定位、开凿。

↑用手电钻进行打孔作业，在合适的位置钻凿锁体安装孔位，注意拿手电钻时要用手托住下方。

依次将锁体装入孔位，找正后固定螺钉，在外面板部件上安装螺杆和连接螺杆，将连动方杆插入锁体的方杆孔内，外面板部件执手方孔对准连动方杆孔，安装外面板部件。初装后，转动外执手、内执手观察是否能将斜舌顺畅地收回、伸出；转动后面板旋钮感觉方舌是否顺畅收回；插入钥匙来回旋转感觉方舌是否顺畅伸出收回。

↑安装锁扣板，对正后紧固螺钉。

↑紧固各装配螺钉后，重复上面动作，试验几次，各动作如不顺畅则松动螺钉后，调整位置再试，直至合适为止。

↑将锁头体由内向外插入锁体锁孔内；将螺钉由锁体面板孔插入对准锁头体安装孔螺纹后紧固。

↑安装好门锁后，反复进行开关，查看是否有阻塞、关不上等问题，及时做出调整。

图解小贴士

门锁开孔尺寸及定位一定要按开孔图纸标准，如果开孔太小容易造成对门锁电路板挤压变形，导致安装完成后，门锁不能正常工作。开孔时应小心，不能将孔开得太大或门开裂。如果开孔太大会造成锁体无法遮住孔位，严重影响整体美观。

2. 铰链安装

合页的安装过程比较简单，准备好工具后测量位置定位，将合页固定就基本完成了安装。安装前准备好专门的安装工具，如测量用的卷尺、水平尺，画线定位的木工铅笔，开孔用的木工开孔器、手枪钻、螺丝刀等工具。

首先用安装测量板或木工铅笔画线定位，钻孔边距一般为5mm，再用手枪钻或木工开孔器在门板上打Φ35mm的铰杯安装孔，钻孔深度一般为12mm。将铰链套入门板上的铰杯孔内并用自攻螺丝将铰杯固定。

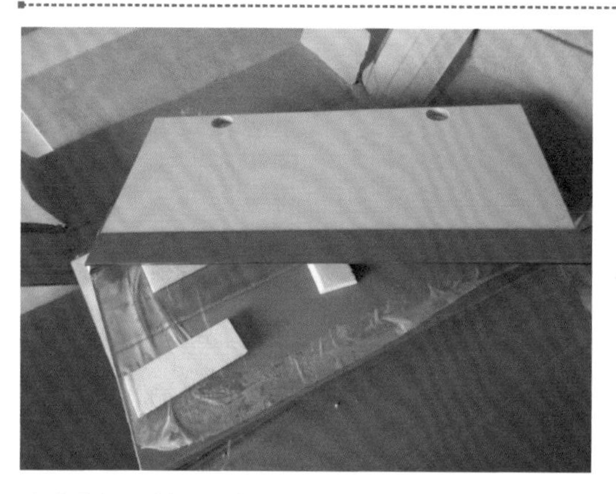

↑先将板面按照规格进行打孔。

↑铰链套入打好的安装孔内，用螺丝加以固定。

铰链嵌入门板杯孔后将铰链打开，再套入并对齐侧板，用自攻螺丝将底座固定；最后一步，开合柜门测试效果。一般的铰链都可六向调节，上下对齐，两扇门左右适中，将柜门调试最理想效果为佳，安装好关门后的间隙一般为2mm。

↑将铰链臂身扣在底座上，用手指用力按下，听到咔嗒的一声就表示铰链已扣好。

↑可以尝试多次开关柜门，看柜门能否自动回位。

3. 太空铝厨房挂件安装

置物架在家庭生活中的应用越来越广泛，很多家庭生活用品种类也越来越多，而置物架的设计非常的简洁大方，同时又具备灵活小巧的特点，对于归置生活物品很有作用，关键是有利于生活物品能够很好的取拿，不用很费力的寻找，展示性很好，只需要在墙上固定好挂件就可以了。

太空铝具有轻巧、永不锈蚀，不易留水印等优点。首先，准备好需要用到的工具。根据自己需要，在墙面定好位置再用电工打孔机在墙壁上打好孔；其次，将落实筒钉进去，用螺丝钉将承挂条整条固定好。

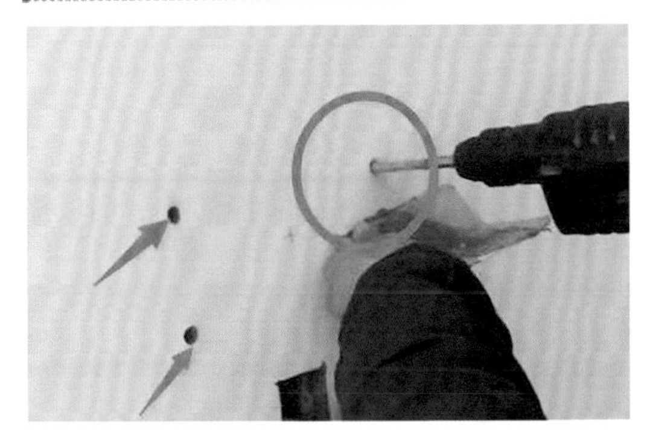

↑打孔是安装置物架的第一步，先确定好需要打孔的位置。

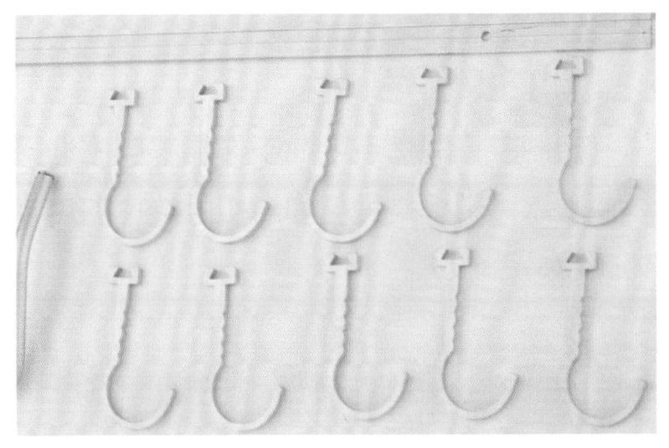

↑可以用螺丝钉固定好挂架，保持挂架的水平挂置。

将太空铝厨房挂件由上往下卡进去，自己用手试试左右摇晃，确定将挂件稳健地固定好。

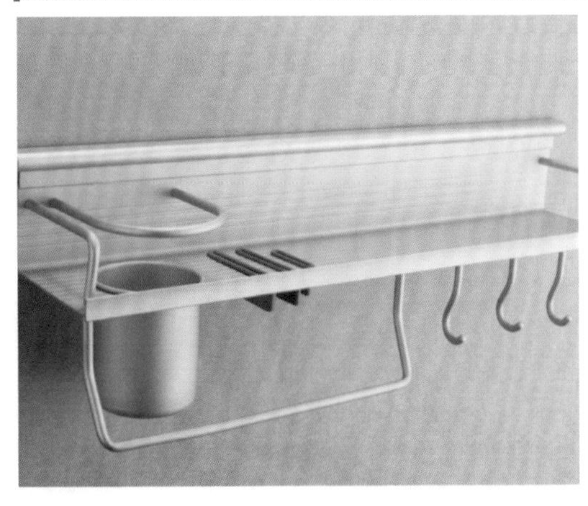

↑安装好的置物架，具有良好的收纳功能，在厨房中极受欢迎。

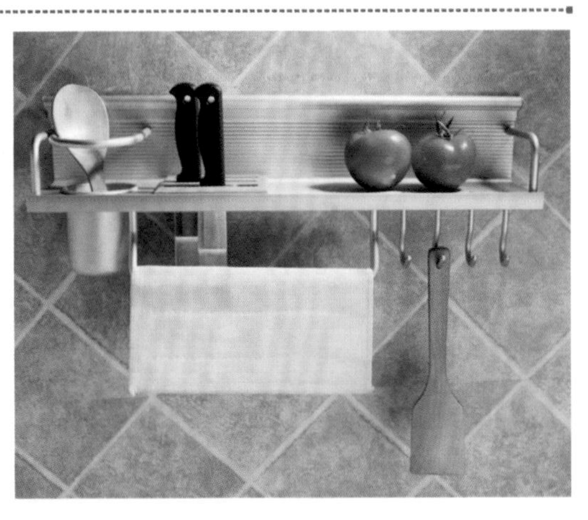

↑金属色与厨房的风格相融合，完全不用担心与厨具不搭。

6.6 验收与交付使用

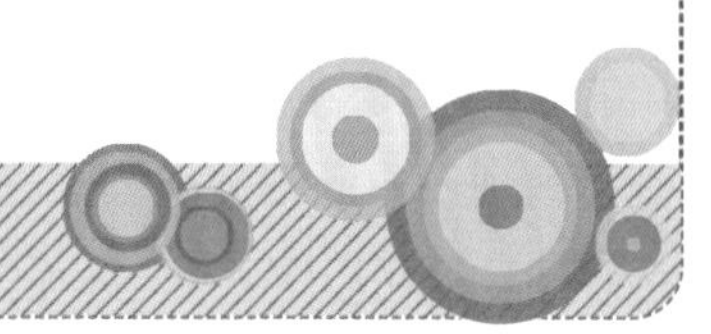

定制家具在安装后业主要仔细验收，除了对照安装效果图是否一致还有一些细节问题需要房屋业主仔细验收。首先，检测整体家具设计是否与设计方案相符，内部格局是否与平面方案吻合，是否有表面磕伤、划伤。以防止出现家具安装不牢靠，或者表面有损伤的现象。

1. 门板色号

定制家具的优点就在于你能够自主选择自己喜欢的颜色，在检验定制家具时第一步就是要看家具门板是否与你当初所选择的色号一致、材质是否相同、表面有无损伤、门板整体颜色是否一致。

↑业主在进行全屋家具验收时，需要从多个方面检查家具的功能性与美观性。

↑首先检查家具表面是最直观的方式，其次是对家具结构进行检查。

↑参考与当初选择的色号是否一致，有没有出现大面积的色差。

↑如果家具色号或材质有误，就会影响整体家具格局以及使用情况了。

2. 门板平整度

门板安装应相互对应，高低一致。门板的表面必须是平整的，没有气泡，门边造型与定制的效果一致;有封边的门板，要检查封边的颜色是否符合订购时的要求。对于门板平整的检测方法是反复开关柜门，然后用水平尺量度测试门板是否达到一定的平整度。如果平整度未如理想则要立刻向订造方反映，及时做出处理，以免影响使用。

↑检查衣柜门的板面是否存在明显的气泡，表面是否光滑。

↑反复开启橱柜门，用水平尺量度测试门板是否达到一定的平整度。

3. 橱柜台面

橱柜的台面关系着橱柜的使用寿命，因此台面的材质必须耐用，其次才考虑其美观性。橱柜台面石材的好坏也是影响油污、水渍是否容易渗入其中的重要因素之一。除此之外，橱柜台面也不能有凹凸不平的现象。石材台面应无裂纹、收口圆滑、水盆和灶台开洞后尺寸合理、水龙头安装牢固、下水管无漏水等。

↑台面连接处的胶痕不能太明显，胶面应该是很平滑的。

↑台面拼接处拼接完站在两米处直观看不到接缝痕迹的，才算合格。

4. 拉手是否牢固

拉手时最常用于家具部件中，其安装的质量决定其使用的耐用程度。柜体开合也要预留足够的空间，如果柜体打开时与门框相碰，那这就是不合格的一次安装。

5. 铰链是否牢固

铰链是影响橱柜使用最关键的零件，它的优劣直接影响着橱柜的质量和使用寿命。质量好的铰链前盖和底座都很厚实，并且锻造精细、光滑无毛边，强度高。劣质铰链一般是薄铁皮焊制而成，锻造粗糙、锻面薄、强度差，几乎没有回弹力。

↑首先需要检查拉手与门扇是否有刮花、损伤、生锈的现象。

↑着重检查铰链是否固定好、是否出现生锈等现象。

6. 封边是否严密

家具的封边必须要光滑、封线平直光滑、接头精细。专业大厂用直线封边机一次完成、涂胶均匀、压贴封边的压力稳定才能保证最精确的尺寸。

↑看封边的表面及底面平整度、厚度是否均匀，光泽度是否适中。

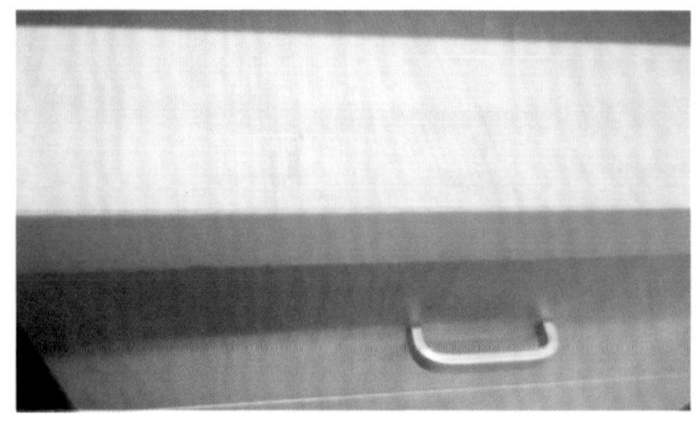

↑封边条与板材之间的颜色也很重要，颜色相差较大会影响整体的美观性。

↑熟练的家具安装工艺，使得定制家具更加趋向于完美。而在家具的安装过程中，不同的安装工艺作用于不同的家具上，使得定制家具服务于更多的家庭。

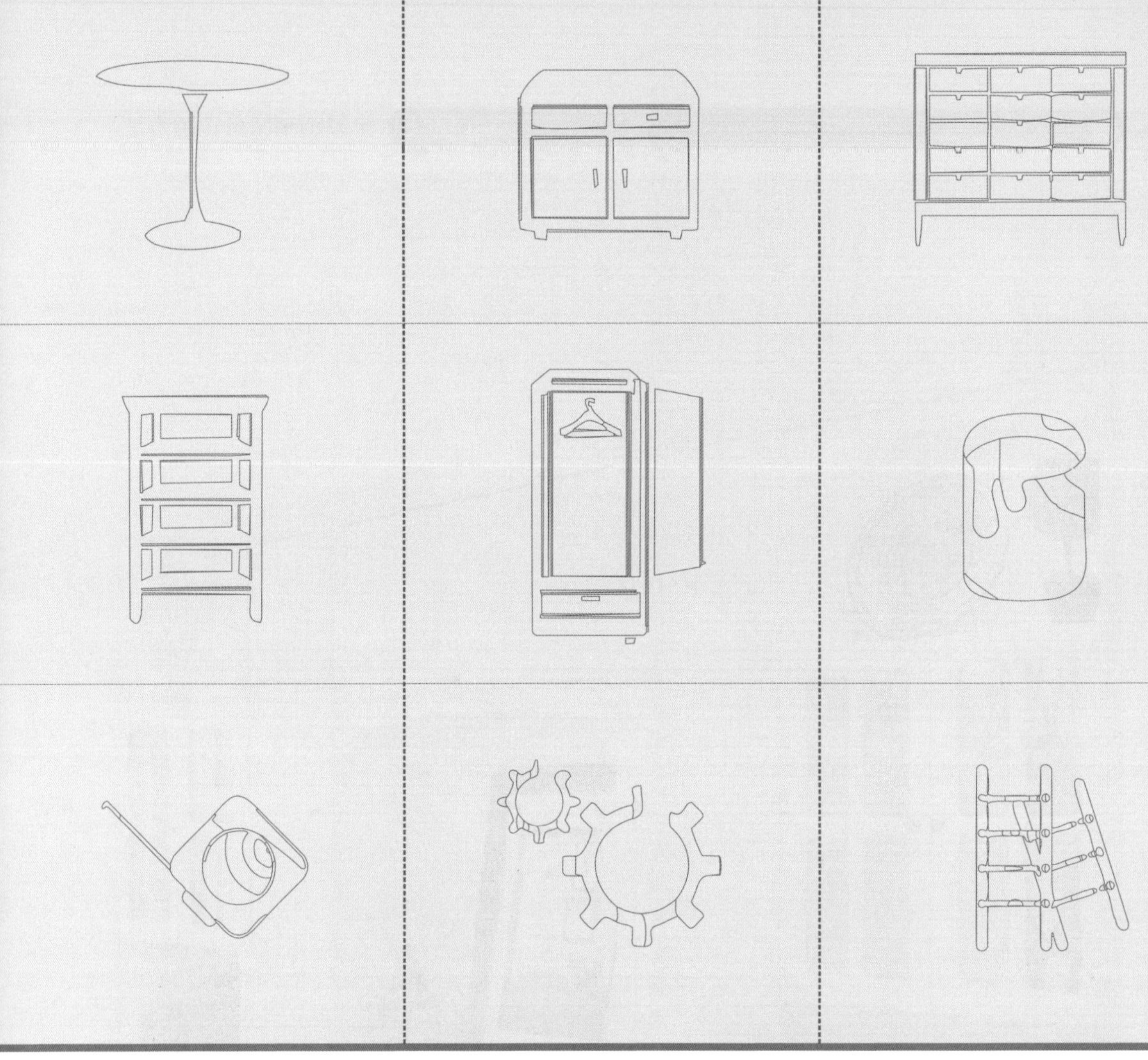

家具入住家具环境之后，经过长时间使用后家具表面不再富有光泽，污渍横行，但是却拿它没有办法。也有不少的业主对家具进行清洁和保养，从而使得家具保持亮泽，但是在保养的过程中，虽然能够暂时让家具变得干净，但是错误的清洁方法会对家具造成潜在的伤害，随着时间的推移，家具就会出现无法弥补的损害。

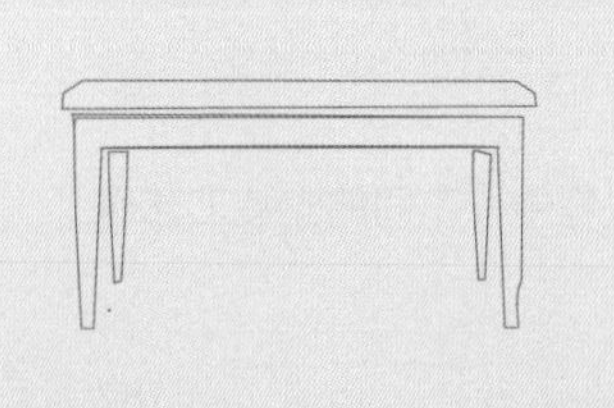

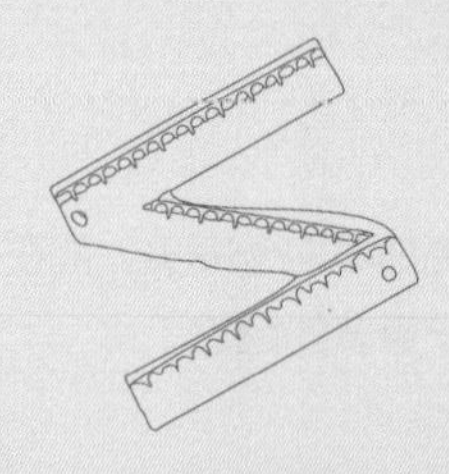

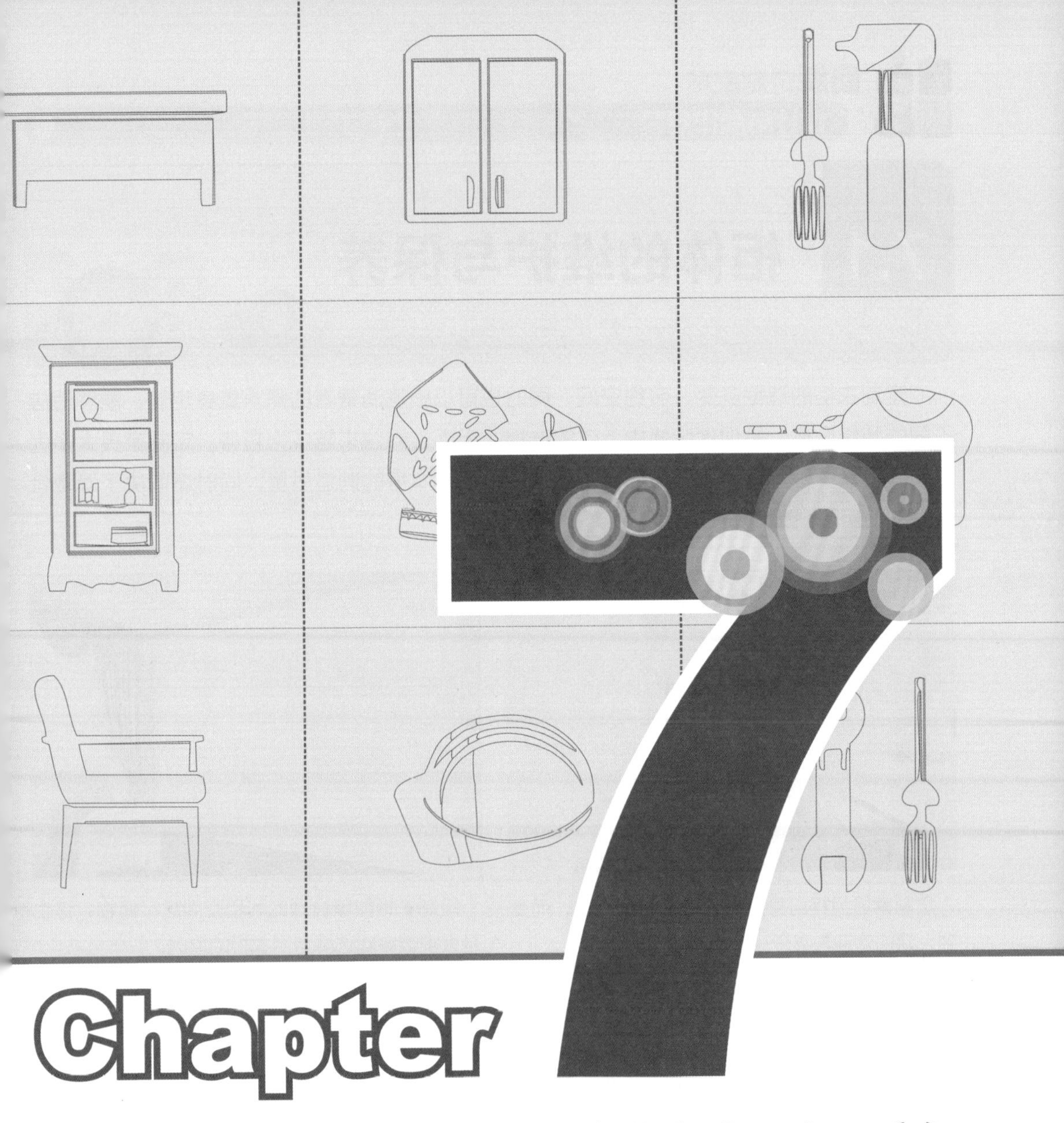

Chapter 7 全屋定制家具维护与保养

识读难度：★★★☆☆

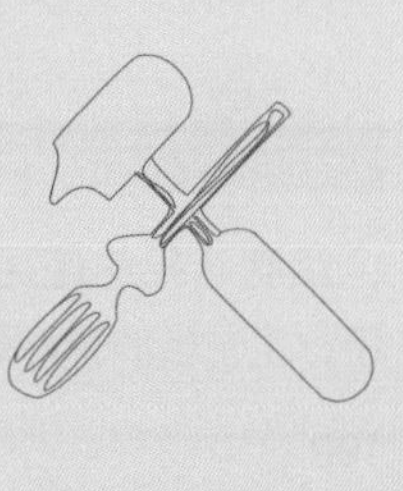

7.1 柜体的维护与保养

定制衣柜的造型多变、节约空间，同时也可以根据消费者的需求量身定制，能够适应不同的装修风格，是现代装修中上佳的选择，因而定制越来越成为趋势。定制家具大多为定制衣柜、橱柜，其使用寿命的长短不仅取决于其本身的制造质量，同时还取决于消费者良好的使用习惯和正确的保养。

↑定制家具因其自身良好的特征与适应性，而受到大众的欢迎与喜爱。

↑定制衣柜能够合理的利用空间进行储物，这也是大多数家庭选择定制衣柜的原因。

定制衣柜除了需要精致的设计之外，良好的保养也成为维持其使用寿命的一大因素，可是保养说起来容易做起来就难了，很多人保养衣柜的时候只注意保养衣柜的外观，内在却没有注意。衣柜保养要从细节做起，定制衣柜寿命的长短一是取决于其本身的制造质量，二是取决于居住者日常的使用习惯。

↑定制衣柜的使用年限首先取决于制作工艺水平，工艺性能越好年限越长，否则相反。

↑再好的工艺也禁不起居住者的不打理,不按要求来使用，使用习惯的好坏决定被使用的寿命。

1. 避免过量储物

衣柜要避免过量存储，包括避免在衣柜上方堆放重物，不要用衣物将衣柜“凹繁 ”，在定制衣柜与房顶中间留有一定空隙的时候，就有许多人习惯将一些不常用的重物码放到衣柜的上部，但是这样会对衣柜的整体结构造成影响，例如会出现柜门关不严、板材变形等状况。同样的，衣物虽然多，但良好的分配和储存能尽可能地帮助定制衣柜减轻“压迫感”，衣柜的柜体都有一定的承重限度，超过负荷的使用将大大减少衣柜的使用寿命。

↑合理分配家具使用空间能够有效的保护家具整体结构不被破坏。

↑过量地在衣柜内堆积衣物，衣柜底部结构会产生压迫，导致柜体变形，甚至开裂。

灰尘是家具上最为常见的污渍，很多业主习惯用干抹布来清洁擦拭家具的表面。其实这些细微颗粒在来回擦拭的摩擦中，已经损伤了家具漆面。虽然这些刮痕微乎其微，甚至肉眼是无法看到的，但久而久之，就会导致家具表面黯淡粗糙，光亮不再。

↑灰尘是家具上最为常见的污渍，也是人们清洁时最容易忽略的地方。

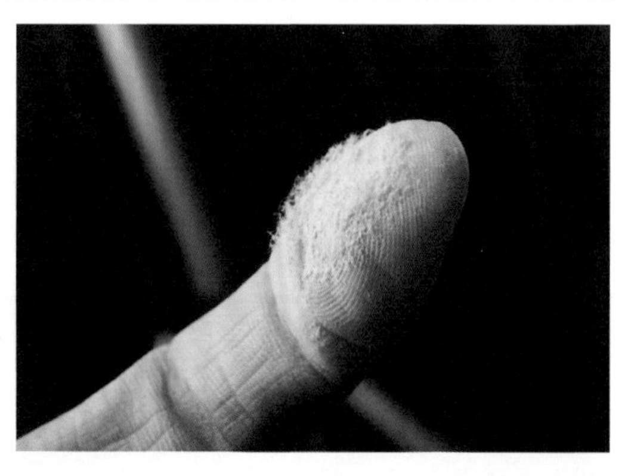

↑日常清洁最常见的方式就是用抹布擦拭，操作简单但也极易伤害家具表面。

2. 选择适合的清洁产品

一些家庭会使用肥皂水、洗洁精、喷雾等清洁产品，虽然这些能有效的去除堆积在家具表面的灰尘，但是无法祛除打光前的矽砂微粒，而且一般的清洁产品具有一定腐蚀性，经常使用会损伤家具表面，让家具的漆面变得黯淡无光。同时，如果水分渗透到衣柜板材里，还会导致木材发霉或局部变形，缩短家具使用寿命。添加剂挥发之后，湿布擦拭家具后产生潮气，如果楼层较低的住户，本来家里空气湿度高，加上清洁时渗入到家具里的潮气，家里的家具可能在每年的黄梅天就会“霉”一场。衣柜受潮后吸收水分，不仅给霉菌提供了生长温床，而且水分一旦进入木材的空腔，木材吸水后开始膨胀，衣柜会出现变形、开裂等现象。在居室空气及天气潮湿时，建议要定期开窗通风，并在柜内角落放置小包干石灰或者木炭等比较环保的干燥剂，避免衣柜受潮生菌及变形。

↑清洁喷雾是大多数家庭选择的清洁产品，使用方便，是不少家庭必备产品，但是其自身具有一定的腐蚀性，易损伤家具表面。

↑清洁家具的时候水分极容易渗透到木材的里面，应充分控干抹布上的水分，防止湿气进入板材。

↑如果清洁不当容易引起家具黑斑、发霉等症状。

↑长期错误的清洁方式致使家具板面变形，甚至会产生开裂等情况。

3. 保养方法

柜体的表面出现脏污的时候，最好使用柔软的毛掸或者软布擦除，可以适当地蘸水，但是不要让抹布处于湿漉漉的状态，普通拧干的软布即可。如果表面出现较难清理的污渍时，最好根据实际的情况使用砂蜡摩擦或者用中性的清洁剂清洗，切忌使用带有腐蚀性的清洁剂清洁衣柜。

↑毛掸具有良好的柔软性，不会摩擦家具表面。

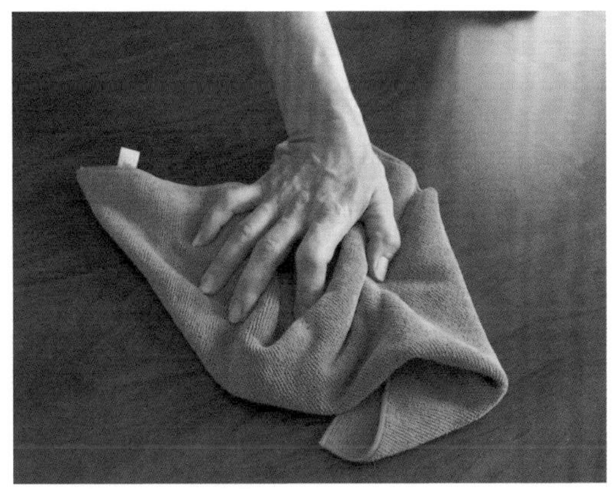

↑柔软的抹布不会擦花家具的表面，注意拧干抹布水分。

应定期对实木家具打蜡。打蜡不仅能够更有效锁住实木家具的水分，也能使家具看起来更加有光泽，表面不易吸尘。此外，一定不要选那些含有硅树脂的上光剂，因为硅树脂不仅会软化从而破坏涂层，还会堵塞木材毛孔，给修理造成困难。在正常情况下，每季度只打一次蜡就可以，因为过度上蜡也会损伤家具涂层外观。

↑用软布顺着木材纹理的方向将上光蜡擦到家具上，另外准备软布擦掉家具表面多余的光蜡。

↑上蜡过程要避免过度摩擦。过度摩擦严重时会导致家具表面光泽不均匀。

定制衣柜长期的使用，总是避免不了表面的磕碰或者刮花。如果出现了划伤的现象，应迅速进行补救，而不要让刮伤部位进一步扩大。对于贴面家具和实木家具的刮痕，修补它们很简单，只需购买一支蜡条，尽量选择与家具木材颜色最匹配的颜色，在刮痕处涂上颜色，蜡会帮助家具免遭各种侵袭，它的颜色也可以隐藏刮痕。然后将家具上的这部分区域再上一次蜡，确保蜡已经覆盖了刮痕，没有涂在裸木上。

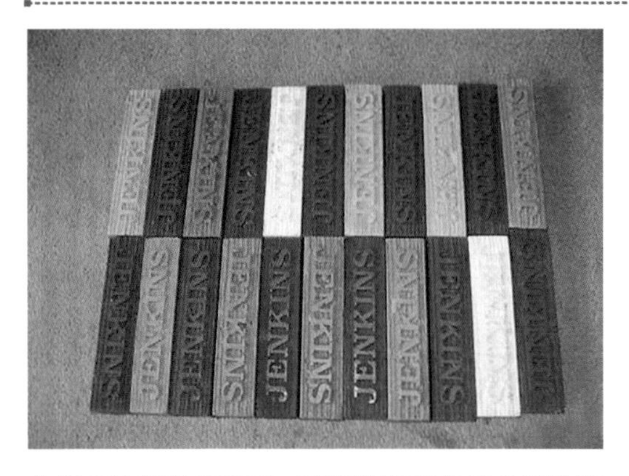

↑蜡条的颜色较丰富，可以根据家具的色泽选择合适的蜡条。

↑蜡条具有良好的修补能力，能够隐藏家具的刮痕，同时也可以保护家具表面。

家具上的水痕通常要经过一段时间才能消失。如果一个月后水痕依旧明显，可以用一块涂了少量色拉油或蛋黄酱的干净软布于水痕处顺木纹方向擦拭。或可用湿布盖在痕印上，然后用电熨斗小心地按压湿布数次，痕印即可淡化。

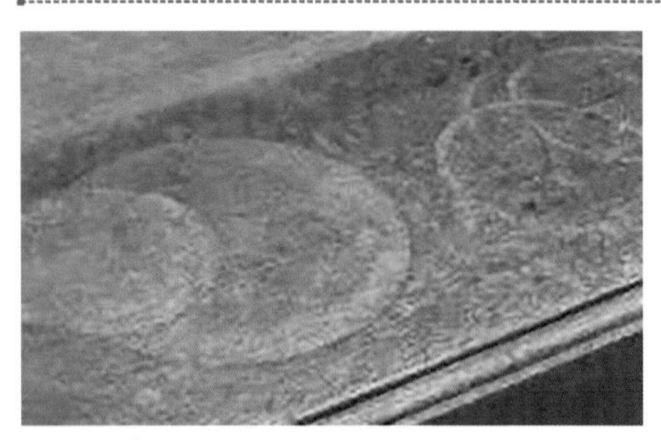

↑在家具上长时间放置某种带水的器皿，会使家具留下一定的水痕。

↑保养过后的家具虽然不能完全去除水痕，但能在视觉上淡化痕迹。

在每个家庭中家具都是必不可少的物件，更换的次数以及间隔时间都是比较长，进行家具保养就是关键，并不是买回来放在那就可以了，想要延长家具的使用寿命，日常的细心保养是必不可少的。

7.2 台面的维护与保养

家居生活中台面使用率最高的莫过于橱柜台面了，每天的油渍、污渍、水渍不断的上演，厨房是让主妇们又爱又烦恼的地方，那么，厨房的台面要如何进行维护与保养呢?

1. 杜绝热源

首先，无论是哪种材质的台面，过热物体都不要直接或长时间搁放在台面上，否则可能因局部受热过度而导致台面膨胀不均、变形。放置过热物体可以在台面放置一块毛巾或者隔热垫，能够有效的防治物体过烫损坏台面。

↑在厨房实在找不到可以迅速用来隔热的物品时，毛巾也是不错的选择。

↑隔热垫能够有效的对台面进行隔热处理，避免热源对台面的伤害。

2. 避免利器

操作中应尽量避免用尖锐的物品触及家具台面，以避免产生划痕。避免用尖锐物体刮花台面、柜面。除了可以避免留下刀痕之外，还应该做好清洁卫生。

↑无论选择何种台面都应在砧板上切菜、料理食物，能很好地保护台面。

↑用完台面后应保持干燥、整洁，避免滋生细菌。

3. 处理台面划伤

如果使用刀具时不慎将家具台面划伤，可以用砂纸磨光，对光洁度要求为亚光的台面，可用400~600目砂纸磨光直到刀痕消失，再用清洁剂和百洁布恢复原状。如果橱柜台面光洁度是镜面，可以先用800~1200目砂纸磨光，然后使用抛光蜡和羊毛抛光圈进行抛光，再用干净的棉布清洁台面，细小伤痕用干抹布蘸食用油轻擦表面即可（此方法不适用于不锈钢材质的台面）。

↑砂纸磨光处理台面划伤可适用于石材台面、人造石台面等。

↑由于不同的原因使台面有较多划痕，影响台面美观性，可以请专业技术人员进行处理。

4. 严防烈性化学品接触表面

在厨房装修方面，大多数家庭会用到人造石台面，人造石具有持久抗伤害能力，但仍需避免与烈性化学品接触，例如去油漆剂、金属清洗剂、炉灶清洗剂。不要接触亚甲基氯化物、丙酮、强酸清洗剂。若不慎与以上物品接触，立即用大量肥皂水冲洗表面。

↑去除人造石表面的多数污迹和脏物，可以用肥皂水或含氨水成分的清洁剂清洗。

↑明亮的厨房离不开干净、整洁的厨房台面，合理地保养台面能够延长橱柜使用时间。

5. 梳妆台面

梳妆台是卧室众多家具之一，作为日常使用率极高的一个家具用品，由于它的使用频率使得它比较容易受损和弄脏，所以做好清洁与保养的工作特别重要。梳妆台与其他家具一样，需定时清洁保养，才能历久如新。

梳妆台面每周采用干净的抹布蘸酒精全面擦拭一遍，可以快速清除梳妆台表面残留的化妆品，且不会腐蚀梳妆台面的油漆或饰面层。如果梳妆台面是烤漆饰面，而且使用频率较高，可以摘梳妆台面上铺装一张厚2mm左右的PVC桌垫，可以有效保护梳妆台面。

←梳妆台是女孩打造美丽的地方，是每个女性必备家具之一，精美雅致的梳妆台能够打造精美雅致的家居环境。

↑梳妆台大多是人造板材制造，贴饰面或刷漆的表面清理起来比较方便。

↑使用梳妆台时要避免将化妆品撒到台面上，防止渗透到梳妆台内，不易于清洗。

6. 清洁台面

平时妆台干净没有难洗的污渍，只需用干的软毛巾擦拭干净上面的灰尘即可。如遇灰尘特别难以擦干净的可用抹布沾上一定量的清洁剂或是中性肥皂加水稀释拭去灰尘。遇上难以除去的顽固性污渍，可用平常使用的牙膏或稀释百分之三十的清洁液对其进行清除。

避免将饮料、化学物品、过热的液体放在梳妆台表面，以免影响家具表面的色泽度。油漆过的家具如果沾上灰尘，可用纱布包裹略湿的茶叶渣进行表面擦拭，或用干布沾上适量的冷茶水进行清洗，但是清洗过后一定要用清水再次擦拭，可以使家具光洁明丽、焕然一新。

↑平时使用梳妆台时，及时清理污渍能避免渗透到内部。

↑合理的使用家具，时常对家具进行保养，能够使家具保持光泽。

7. 保养台面

清洁时选用较为柔软的干毛巾轻轻擦拭，首先，切忌将湿抹布直接擦拭台面，避免在表面留下水迹，如有水迹一定要及时擦拭干净。其次，也可使用一般的家具光蜡、清洁剂擦拭，若柜身上有涂上油漆，可先用布料，沾上少量，在不显眼的区域尝试，若无掉色情况，即可放心使用。在日常的使用中，不要使硬物接触家具，以免刮花家具表面或镜面，影响家具的美观及使用。切记不要用汽油或有机溶剂擦拭，可以用在家具上光蜡擦拭，增加光泽，减少尘埃堆积。

7.3 门板的维护与保养

定制柜门虽然结实，但是和普通的家具一样都需要小心的养护。在使用柜类家具时，推拉柜门、抽屉的动作都需要尽可能的轻柔，避免在推拉时与其他柜门发生猛烈的冲撞，造成柜门裂痕、脱漆等现象。

←柜门板材也十分多样，不同的板材具有不同的使用性质，同样也需要不同的保养方法。

实木柜门价格高昂，在清洁时，最好选择专门的清洁剂，喷在软布上进行擦拭，避免布料对门板的磨损，或者让门板长期处在潮湿环境中。

↑尽量避免把潮湿的衣服、毛巾以及百洁布悬挂或者覆盖在门板表面。

↑会造成实木门板永久的褪色，水印、损坏等。

使用软棉布清理实木门板，用温水浸泡棉布后将水份拧出，保持一点潮湿，如果需要更完全的清洗请选择一些中性的清洁剂混合在温水中，轻擦门板的表面，然后再使用干的软棉布迅速将门板表面的水分擦干，这样防止了门板表面滞留的水迹、油脂，以及其他的脏物留下的痕迹。经常用软布顺着木的纹理去尘，去尘之前，应在软布上沾点清洁剂，不要用干布搓抹，以免擦花表面。

玻璃门板的透光性好、环保、不会散发异味、防潮、防火性能好，不存在变形问题。颜色丰富，可以制成多种特殊颜色，玻璃门板最好的清洁方法是使用清水清洁，并在清洗结束后及时擦干。而长期用较粗糙的材质擦拭玻璃门会让材料表面变得毛糙。

金属柜门最需要注意的就是门板的腐蚀现象，避免门板的划伤造成表面保护膜的脱落。所以，金属门板最好使用清水配以半干抹布擦拭。金属柜门应避免长时间地被阳光直射，以防止不锈钢橱柜门板出现变形、变色、开裂、脱胶等现象。在清洁时，禁用硬质物件碰撞、摩擦门板表面，禁止使用天拿水、环酮等化学剂作为清洁剂，以免损伤门板。

↑如果使用频率较高，建议选用磨砂玻璃，不仅显档次而且防划伤的效果更好。

↑日常生活中经常清洗、擦拭，保持金属柜门门板的干爽。

皮质柜门表面柔软，容易造成物理损伤，柜门表面有灰尘时，应使用毛掸或软布除尘，如果表面有污渍时应使用砂蜡擦磨清除。有条件的定期对饰面用油腊保养。同时，也需要选择中性清洁剂，避免皮质表面的腐蚀。同时防止外力重物的冲击、碰砸滑轨，推拉动作轻柔，防止暴力猛拉撞击柜体封边，不能碰水及其他液体溶剂以免门板封边出现脱落。保持使用环境的通风、干燥保持柜体阴凉干燥。木质的皮革衣柜门平时只要用干净的绵布擦拭即可，经常保持柜门的清洁，轨道内不能有杂物、尘土。清洁时可用半湿抹布擦拭柜体、柜门，切忌使用腐蚀性的清洁剂。一款高档的皮革衣柜门能够提高整个卧室的档次，营造一种奢华大气的家居环境。

↑皮革衣柜门平时只要用干净的绵布擦拭即可，若是有脏污则可以酌量使用肥皂水或是中性的清洁剂用湿布擦拭。

↑在居室空气或天气过于潮湿时，请定期打开门窗通风并在皮革衣柜门角落放置小包干石灰或其他干燥剂防止柜体及门板发霉和变形。

柜类是卧室家具的重要组成部分，也是构成卧房家具的大件之一，因此，柜类质量的好坏直接影响到整个产品的销售情况。据不完全统计，消费者对柜类最不满意的就是柜门的翘曲变形。实际上，除了材料和设计的原因之外，日常使用过程中不良习惯是造成高柜长门弯曲变形主要原因 。

移门长期使用中，由于尘垢沉积吸收水分，特别是当空气中含有硫化物时遭受腐蚀，必须按时清理表面，周期一般为半年一次，清理时既要清理表面污垢又不损坏表面氧化膜、电泳复合膜、喷涂粉末。长时间使用移门防尘条可能会有轻微胶落现象，用502胶水黏合即可。

↑衣柜定期打开门窗通风并在衣柜门角落放置小包干燥剂。

↑阳台门长期接受阳光的洗礼，可以每年进行一次大清洗及补色。

↑厨房移门是众多家庭选择的开门方式，具有良好的装饰性及使用功能。

↑卫浴移门能够有效的节省空间，具有轻便、不占空间的优势。

首先，要定期用软布沾清水或中性洗涤剂清洁移门表面，稍微硬质或是含有硬质的抹布都会对移门门板饰面造成伤害，当推拉门门板饰面上有很严重的污渍时，我们可以选择专业的清洁剂来进行擦拭，不要用普通肥皂和洗衣粉，更不能用去污粉、洗厕精等强酸碱的清洁剂。

↑利用窗帘遮蔽阳光也是一个不错的方法，可以阻隔阳光的曝晒。

↑使用专业的清洁工具及清洁剂定期对板面进行擦拭。

然后，不允许使用砂纸、钢丝刷或其他摩擦物进行清理，在清洁处理后要用清水洗净，特别是有裂隙、污垢的地方，还要用软布沾上酒精来擦洗。如果门板主体材料采用板材材质，则在清洁时使用的湿抹布水分不宜过多，只要保持润泽即可。对于玻璃门而言，我们需要保护玻璃表面，切勿使用锐器敲打移门，而对于木质门而言，则需要防止其潮湿，要保持木移门的干燥性，整个家居都要保持好通风与干燥，一旦潮湿便会影响我们的居住。

对于移门而言，滑轮是整个门的灵魂，作用重大，我们可以每半年时间滴几滴润滑油可以保持轨道顺畅，而上下轮为滚针轴承滑动的移门不需要添加润滑油，只需清扫轨道内杂物即可。

←保持门轨清洁，防止异物进入，如有杂物及灰尘，可用毛刷清理，槽内和密封条的积灰可用吸尘器清除。

保持移动门良好的使用效果，当密封条发生脱落要及时修补，可以用同色玻璃胶或502胶水粘贴，注意粘贴后待完全干燥才能使用。

↑防止门板垂直板面的边角受损破坏，如果更换门板，其颜色与花色难以匹配。

↑严禁使用锐器以及重力破坏门板，而造成推拉困难。

要定期用软布沾清水或中性洗涤剂清洁移门表面，稍微硬质或是含有硬质的抹布都会对移门门板饰面造成伤害，当推拉门门板饰面上有很严重的污渍时，我们可以选择专用清洁剂来擦拭。

7.4 相关设备的维护与保养

传统的家具是以木质结构连接起来不需要五金配件。随着家具现代化的发展以及人们对精致生活的需求提升，五金配件逐渐成为衡量家具整体品质非常关键的因素。定制家具属于耐用消费品，只要保养得好，使用20年，甚至一辈子都有可能。但是很多家庭，定制家具只要过了5年，要么是门拉不开了，要么是轨道卡住了，又或者拉手螺丝掉了。

←定制家具五金配件的好坏，会直接影响定制家具使用寿命。

定制家具的五金配件包括拉手、层托板、滑轨、铰链等细节物品。虽然五金整体占家具的体积很小，但是却构成了整体家具的使用基础。在日常使用中，对五金配件及时的保养和清洁也是必不可少的部分。拉手和铰链、滑轮等需要及时的上油，而锁芯则可以定期利用少量石墨粉末进行润滑。

图解小贴士

玄关柜的拉手强调装饰，在对称式的装饰门上的拉手耀眼夺目，而鞋柜则应挑选色泽与板面接近的单头式拉手；装饰柜可以选择与装饰格调相适应的拉手，也可选购具有光泽并与家具色泽有反差的双头式拉手；电视机柜的拉手可以考虑与电器件或电视柜台面石材色泽相近的外露式拉手，这些地方的柜门开启的频率较低，其次是为了保证人的走动不致发生牵扯；书房或工作室的家具挑选简洁方正的拉手。卫浴间的柜门不多，适宜挑选微型单头圆球的陶瓷或有机玻璃拉手，其色泽或材质应与柜体相近。

1. 拉手

五金配件拉手采用实心加厚把手设计，表面是浮点艺术工艺处理，人工打磨，精益求精。表层是12层电镀，9道抛光工艺，具有镀色分明、做工细腻、永不褪色、结实耐用等优点。并可根据抽屉长度来决定其拉手大小，一般抽屉长度小于300mm通常采用单孔拉手，抽屉长度300～700mm时通常采用64mm孔距拉手。

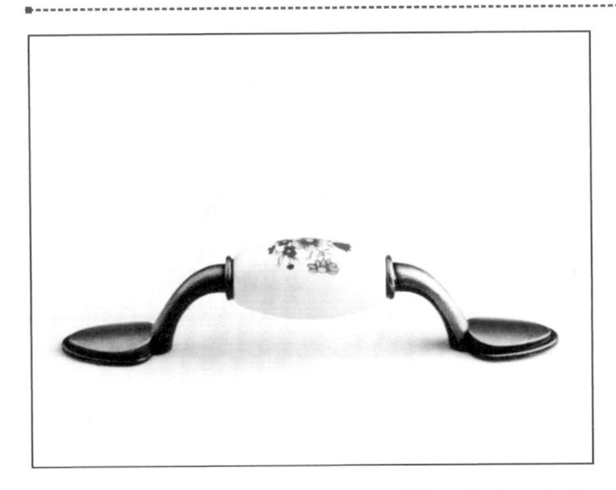

↑拉手的材质多样，不同的材质拉手的清理与保养方式有所差别。

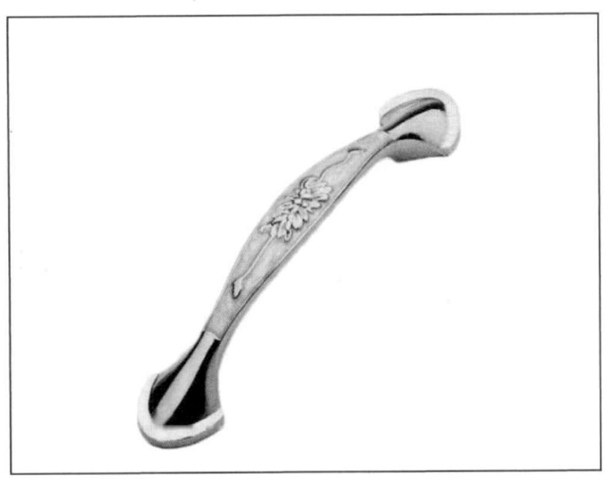

↑电镀拉手表面细腻富有光泽，不褪色等性能使它占有大量市场份额。

拉手通常每周清洗1～2次，清洗不仅是为了拉手保持干净，还有一点就是为了保证我们的健康，减少细菌的滋生与传播。

↑清洗拉手时可以将抽屉打开透气，使抽屉与五金结合处保持干燥。

↑一般的拉手在平时做清洁时只需用干抹布擦干净即可。

镀铬拉手是不能放置在潮湿、阴凉处，容易让拉手生锈，甚至会让拉手的保护层脱落。如果镀铬膜出现黄色斑点，可以用中性机油拭擦，能有效防止生锈面积扩大。

若是拉手出现生锈现象，千万不使用磨砂纸打磨，这样会进一步破坏表面保护膜，这时候我们可以用棉丝或毛刷蘸机油涂在锈处，片刻后再往复擦拭，直到五金拉手锈迹清除为止。

↑生锈的拉手触感差，不仅影响使用，还影响整个家具的美观性。

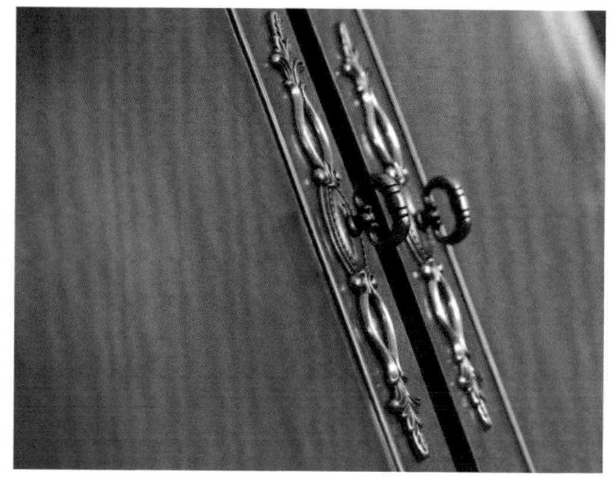

↑经过维护后的拉手才能恢复以往的光泽。

不锈钢拉手表面做工细腻、花纹清晰流畅、造型精致，表面光洁如玉，其外观具有天然玉石的效果，品质高贵、典雅，拉手表面不易着尘污染，有良好的自洁性。通常在做清洁时使用柔软的干布擦干净就行了，如果拉手是在厨房油渍比较多的地方，那么就可以用干布沾上滑石粉用力擦试表面，马上就能光亮如新。不锈钢拉手清洁时千万不要使用含有酸碱腐蚀性的清洁剂，这样容易腐蚀金属，减短拉手的使用寿命。如果平时的保养不到位，极易使拉手表面被水侵蚀，我们可以给拉手喷涂上一层薄薄的透明自动喷漆，来作为拉手的保护膜。

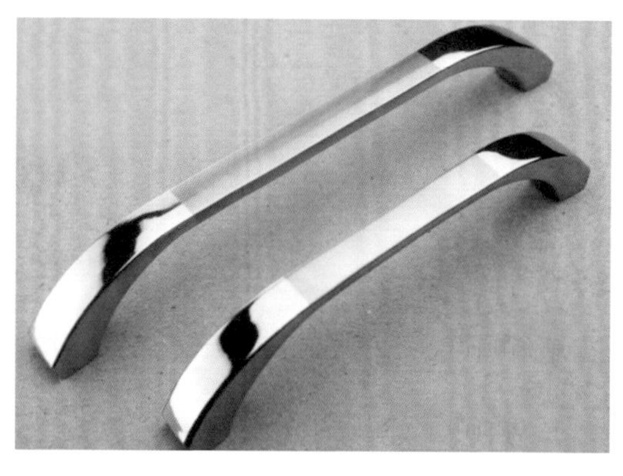

↑不锈钢拉手具有极强的耐污、耐酸、耐腐蚀、耐磨损性能，无放射性。

↑如果出现轻微划痕，用水磨砂纸沾上牙膏擦拭就可以去除。

2. 沙发脚

家具五金配件中的沙发脚材料厚实，管壁厚度达到2mm，承重200kg/4只。升降底座设计最高调高15mm，建议不要调高10mm以上以免影响承重。安装也是非常简单的，将4个螺丝安装，先将盖子固定在柜子上，然后旋上管体，高度可以用底脚来调节即可。

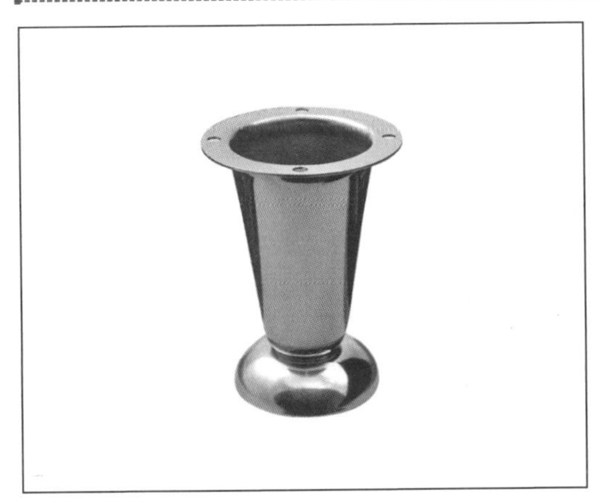

↑不锈钢沙发脚价格便宜、不会受潮发霉，平时用干抹布擦拭就可以。

↑不锈钢沙发脚承重性能好，清洁方便，时尚性较强。

3. 轨道

抽屉导轨可以用干的软布轻轻擦拭，切勿用化学物的清洁剂或酸性液体清洗，如发现表面有难祛除的黑点，可使用少许的煤油擦拭。使用时间长了难免会发出响声，这个是正常现象，为了保证滑轮持久顺畅无噪声，可以每2～3个月定期加润滑油保养。在使用抽屉时，禁忌生拉硬拽，强行推拉抽屉导致家具变形、轨道损坏。

↑定期为轨道添加润滑油，如果不小心沾到水的话就用干软布及时擦干。

↑偶尔检查一下滑轨上有没有细小的颗粒、灰尘，及时清理掉，以免在推拉抽屉时损坏滑轨。

4. 骑马抽

骑马抽五金配件采用的是金属、塑料、磨砂玻璃。其特拉黑豪华金属抽屉、简洁的设计、和谐的比例，带来了与众不同的感觉。材质经久耐用，终身受用动态负载30kg，全拉式带导向轮内置式阻尼确保关闭时柔和安静。玻璃卡码装饰盖，加高前接码高后接码，磨砂玻璃，美观耐用。清洁时不可以使用有颜色的清洁剂，不可以用力破坏表面层。

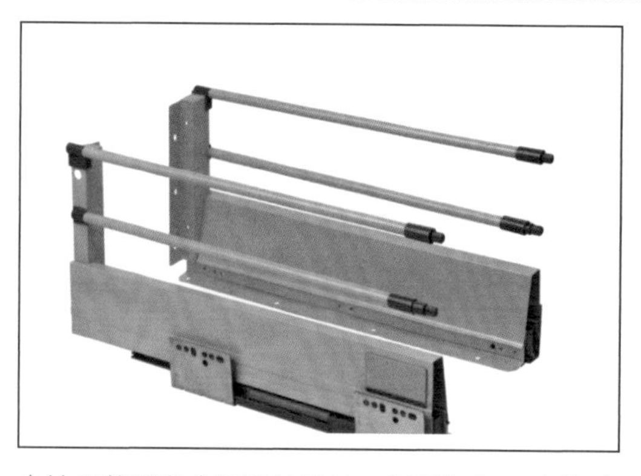

↑抽屉能否自由顺滑地推拉、承重如何，全靠骑马抽的支撑。

↑清洁时可用干布或湿布擦拭，先用软布或干棉纱除灰尘，再用干布擦拭，保持干燥。

5. 铰链

门用的时间长了，难免在开关门的时候就会有吱吱咯咯声音惹人心烦，此时门铰链的优劣显得十分重要。在日常橱柜维护中，铰链可能会被很多人忽视。当发现松动或门未对准时，立即使用工具来拧紧或调整铰链，打开柜门时，应避免过度用力，防止铰链受到猛烈冲击，并损坏电镀层。保持干燥，避免铰链等五金处在潮湿的空气中。

↑避免铰链和盐、糖、酱油、醋等调味品接触，否则会生锈，如不慎接触，要立即用干布擦净。

↑门板每2～3个月可以定期加点润滑油保养，保证滑轮顺畅静音。

↑再好的家具都禁不起长年累月的开关闭合、表面摩擦等，进行必要的维护与保养能够让家具的使用寿命延长，为我们创造出的良好生活环境。

随着社会的不断发展，人们的消费水平也在不断的提高，在家具行业快速发展的十几年里，家具市场和企业都经历了翻天覆地的变化，从最开始的作坊生产到之后逐步发展的工业化生产，并配以专业化家居卖场，家具体验店乃至官方旗舰店等模式，家具行业从生产方式到销售模式，一直在进行自我改造与升级。

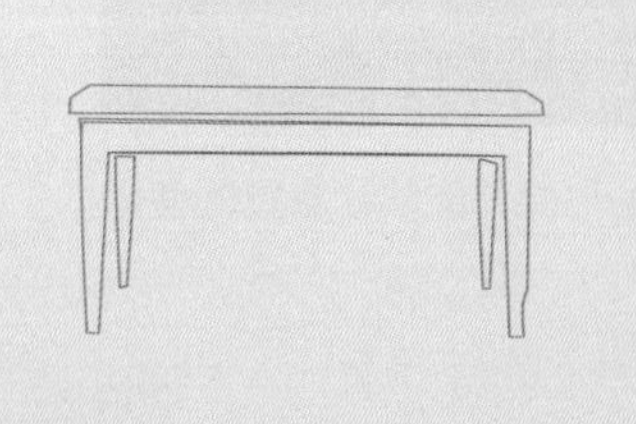

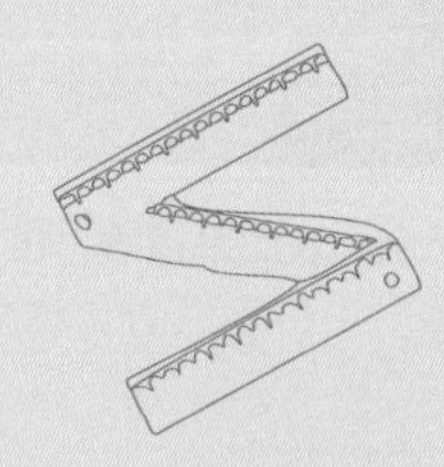

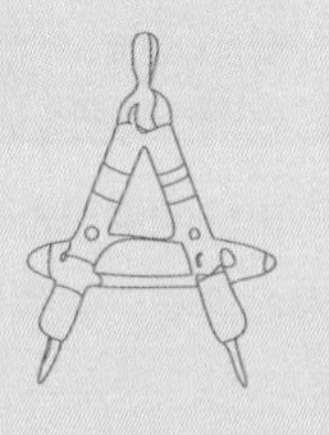

Chapter 8
全屋定制家具营销方法

识读难度：★★★☆☆

8.1 实体店面营销

近年来，定制家具模式是家居行业里的一颗耀眼的明星，在成品家具市场不景气的情况下，很多成品家具生产企业纷纷转型为定制家具生产企业。同时，定制家具门店加盟及经营等受到众多经销商的青睐。

←实体店面现场促销是最为常见的销售模式，借助每个节假日进行大规模活动已经是店家的营销模式。

↑举行砸金蛋是不少商家的销售模式，新颖与刺激并存，各种价格不等的丰厚奖品让人心动不已。

↑利用节假日做促销已经是实体店常见的营销手段，这个时间段的客流量是平时的几倍，成交率也高。

1. 产品代理店

代理商是受制造商委托，负责销售制造商某些特定产品或全部产品的代理商，它不受地区的限制，并对定价、销售条件、广告、产品设计等有决定性的发言权，在规定销售价格和其他销售条件方面有较大的权力。

代理店指的是在原有的建材或成品家具专卖店里摆一个品牌的定制衣柜样板，客户有需要时，就将定制家具产品推出去，将单下到工厂里面。对于初涉该行业的投资商来说，都想将自己定位在试水阶段，采取“投资不大，有单就下，赚钱才扩大”的经营理念方式，这种模式将风险跟成本锁定在最低水平。但是对于全新的全屋定制家具概念来看，这种模式不专业，消费者是能够辨析出实力的，他们会考虑后期的服务是否能持久。

↑产品代理店是同类型实体店中规模最小的店面，具有成本低、盈利少、客户量小的特征。

↑店面产品展示是代理店的主要营销模式，通过样本展示寻找客户。

↑代理店的产品与品牌产品质量相等，但是在价格方面有所差异。

↑产品代理店节约品牌销售渠道拓展成本和管理成本， 但是在货品管理上不易控制。

2. 直营专卖店

直营专卖店是企业直接经营的零售店，一些实力雄厚的大品牌往往喜欢采用自营的方式，直接投资在大商场经营专柜或黄金地段开设专卖店进行零售。定制家具品牌公司一般在公司总部所在城市或一线城市开设自营产品展示店，供定制家具加盟商或终端客户体验。直营店产品丰富多样，展示公司的主打产品、热销产品及概念新产品。这种模式不但大大增加成交机会，还对品牌形象的树立起到标志性建设作用。例如玛格、索菲亚、维意、欧派、尚品宅配、百得胜等定制家具企业，在市场上都有自己产品展示店，与加工工厂无缝对接。

↑玛格是在国内率先推出"定制衣柜、定制书柜、步入式衣帽间"的家具企业。

↑索菲亚是衣柜定制的龙头企业，属于高端家具定制企业。

↑欧派家具是中国整体家居品牌的领导者，专业定制家具、欧派橱柜、欧派衣柜、欧派厨具等。

↑尚品宅配主要以"舒适家居、科技家居"定制家具生活为主导营销，将科技与生活结合在一起。

3. 经销商专卖店

这是目前定制家具企业最主要的经营模式。经销商不论是创业者、其他行业转型者或公司增值投资者，都是以加盟连锁模式。加盟需要根据厂家的装修规范统一装修、布置，统一规划、管理。加盟经销属整店输出模式，要实行处处彰显定制家具企业形象和企业文化。加盟商需要找符合厂家要求的店面，店面一般至少100m²以上，因为定制家具专卖店的大多数家具都需具备橱柜、衣柜、衣帽间、酒柜、鞋柜、书柜等展示空间，只有在大的店面里，才能展示出一个产品整体的效果，给消费者带来一站式体验、采购服务。

↑橱柜是每一个家庭的重要场所，橱柜展示是经销商专卖店的重要展示空间。

↑衣柜展示是展厅中的重要组成部分，也是定制家具的主导产品。

↑衣帽间的占地面积较大，部分专卖店可能没有设置衣帽间的展厅，由于现代生活的快节奏，拥有一个超强储物功能的衣帽间是每个女性的愿望。

↑这种一体式书桌与书柜是近几年的流行趋势，不仅优化了两者之间的优缺点，使用更加方便，更是小户型家庭的福音，能有效地节省大量空间。

↑展示厅的酒柜在展示与收纳上能得到较好的表达。

↑玄关是室内与室外的一个过渡空间，面积不大，但是使用频率较高。

↑整体电视柜是传统电视柜的升华，是近年来最受消费者喜欢的整体家具。

↑设计精美的餐边柜有良好的装饰效果，功能设计也更加全面。

↑飘窗是一个房间的观景台、休闲的好去处，定制飘窗的储物与休闲功能更强大。

↑阳台储物柜是不少家庭的选择，合理地运用建筑面积，增强收纳储物功能。

4. 产品旗舰店

旗舰店代表的是一个品牌的形象。很多家具公司直接开设直营旗舰店，以塑造品牌形象，扩大其影响力。定制家具加盟专卖店如果发展到一定程度，并且跟定制家具生产厂家合作得比较好的话，也可以向品牌旗舰店转型；或有实力的经销商，直接以自己的实力和店面跟家具厂家申请以旗舰店形式经营。在国内较大的城市，旗舰店面积一般在300m^{2}左右，而且开设在当地较知名的建材城、家居卖场或购物商场。以欧派高端全屋定制旗舰店为例，以设计为导向，从卖产品、卖功能到卖空间设计服务方案全面迈进。以“一比一”实景样板间呈现欧派全系列产品配置的居室空间，让消费者“所见即所得”。

↑产品旗舰店入驻家居大卖场是时下营销的一种重要模式，一般有实力的家具定制企业都会在多家卖场入驻，提升品牌等知名度与销售额。

↑产品旗舰店以定制设计服务为核心，在体验店内环境时感受定制设计带来的便利。

↑家具展示是产品旗舰店的一部分，更多的是家具营销人员的服务。

8.2 网络营销

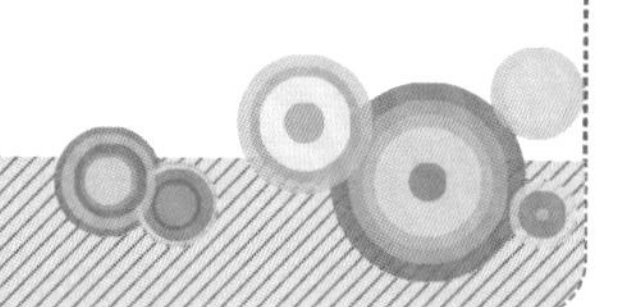

网络销售是线上做展示，线下做服务。定制家具行业的特点决定了这一模式的必要性。通过线上的一系列推广来搜集客户资源，直营专卖店或经销商专卖店线下做好展示、量尺、设计、下单、安装和售后服务。传统家居店是通过单个门店来进行区域性的覆盖，通过传统的促销渠道沟通消费者，在现今品牌如林的竞争局面下，沟通的有效性都大打折扣，品牌商和经销商运营成本逐年提高。线上展示归结起来，就是品牌商利用线上平台的信息传播广、相对成本低的优势，通过独立网站或植入的方式展示产品。线下直营专卖店或经销商专卖店要弥补的是线上无法做到的体验、服务、诚信，依托原有实体店给消费者现实的体验，做好售前、售中和售后的服务，维系顾客，提高品牌的诚信度。

在一定时期，多种定制家具经营会从某种模式过渡到另一种模式。很多定制家具企业采用复合经营模式，包括直营专卖店、经销商专卖店和大宗用户业务和网络销售。

←随着信息时代的到来，网络营销成为当今最热门的营销推广方式。

与传统推广方式相比，网络营销具有得天独厚的优势，是实施现代营销媒体战略的重要一部分。而随着上网人数的迅速增加，覆盖的受众面越来越全面，网络营销的影响力也越来越大。以淘宝、京东为例，每年的家居销售额位居榜首，线上下单线下定制的方式被越来越多的人接受。

←定制家具官网是主要的销售模式，网页运行与管理都是自己公司内部决策。

←借助网络平台的推广及销售，是近几年定制家具企业的有效销售模式。

←网络平台“多、快、好、省”的优势，成为更多的人选择。

8.3 品牌售后服务

1. 服务

如今，装修容易售后难是家具行业的难题，特别是一些中小企业，签约时说的天花乱坠，装完了出现了问题却找不到负责人，还有一些小公司甚至已经倒闭，让消费者投诉无门、欲哭无泪。为了保障消费者利益，全屋定制家具公司都会提供相应的售前、售中及售后服务。

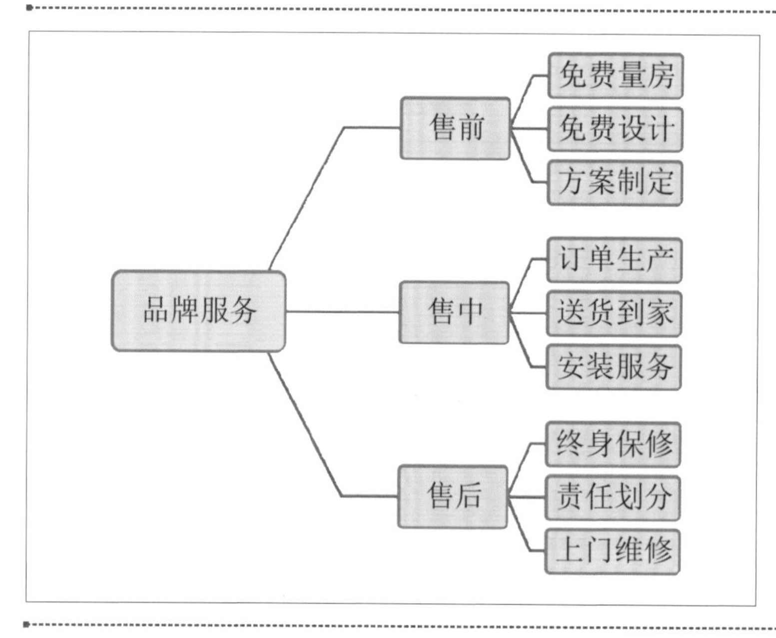

←口碑好的定制家具品牌都有自己的售前、售中及售后服务，给客户提供安全保障。

2. 售中

免费为客户提供短信提示订单受理、订单查询服务；签约后免费提供一次复尺上门服务；免费送货到家、安装服务；如果出现定制家具的颜色、型号、尺寸与合同约定不符的，免费提供更换服务。

3. 售后

接到客户的保修后，首先，要第一时间安抚客户，开具维修服务清单，及时通知电话处理的服务安排维修师傅上门处理，维修后请客户签署维修服务单；然后，上门维修根据产品的维修情况，选择换新或者维修，同时根据责任的判定收取相关费用；最后，将维修处理单录入企业维修登记系统，做好存档。

8.4 品牌推广

1. 品牌定位

家具企业在实施品牌传播时，首先要解决的是品牌定位的问题，要搞清楚自己品牌的核心价值、内涵，接下来再理顺传播的方向以及传播的目标。唯有确定家具品牌的核心，方可使得品牌各个触点的功能在战略层面上达成一致，才能将公关、促销、视觉、宣传语等工具达到统一、和谐的传播效果，从根本上产生视觉冲击力，引爆出强势的品牌动力。此外，弄清品牌核心后，需对当前市场营销做透彻分析的基础上，确定市场各个阶段的目标，确定阶段性传播目标。传播目标与市场营销目标要有一致性，品牌传播目标是为市场营销目标服务的。以欧派家具定制为例，其企业价值观为“公平、光明、合作、自由”八字方针。经营理念为诚信和谐，关注顾客；孜孜以求，稳中求进，只有明确了品牌定位战略，才能稳步前进。

2. 品牌推广

传播策略的组合是品牌传播效能高低的关键。大多数的中小企业单品的营销费用是比较有限的，尤其需要以低成本寻求高回报。所以，企业要注重各种传播方式的整合，使消费者获得更多的信息接触机会。多种传播方式的运用在于整合力量，在营销过程中不能单一使用某种传播方式，而是要全方位立体地把广告、公关、促销、口碑传播等多种传播方式组合在一起。同时注重加强策划、营销、执行等各部门的统一协作，才能在策略上得以协调。潮流营销，也就是结合现在的“互联网+”，采用最新最潮流的玩法与用户互动，类似3D场景工具，“所见即所得”的形式，还有很多其他方式，都是潮流营销的方式。

↑请明星代言品牌是定制家具企业的推广战略。

↑“互联网+”的销售模式，体验家居设计的魅力。

参 考 文 献

[1] 郭琼，宋杰，杨慧全. 定制家具设计·制造·营销[M]. 北京：化学工业出版社，2017.

[2] 张仲凤. 家具结构设计[M]. 北京：机械工业出版社，2012.

[3] 朱毅. 家具造型与结构设计[M]. 北京：化学工业出版社，2017.

[4] 叶翠仙，陈庆瀛，罗爱华. 家具设计：制图·结构与形式[M]. 北京：化学工业出版社，2017.

[5] 李军，陈雪杰，孚祥建材，业之峰装饰. 室内装饰装修材料应用与选购[M]. 北京：人民邮电出版社，2016.

[6] 李军，陈雪杰. 室内装饰装修施工完全图解教程书[M]. 北京：人民邮电出版社，2015.

[7] 贾森. 家装快速签单与手绘实例基础篇[M]. 北京：中国建筑工业出版社，2015.

[8] 贾森. 家装快速签单与手绘实例提高篇[M]. 北京：中国建筑工业出版社，2015.

[9] 李江军. 软装设计手册[M]. 北京：中国电力出版社，2016.

[10] 文健. 室内色彩、家具与陈设设计[M]. 北京：清华大学出版社，北京交通大学出版社，2007.

[11] 北京普元文化艺术有限公司——PROCO普洛可时尚. 室内设计实用配色手册[M]. 江苏：江苏科学技术出版社，2016.

[12] 苏艳绯. 家具建材销售这样说，这样做[M]. 北京：当代世界出版社，2014.

[13] 陈根. 家具设计看这本就够了[M]. 北京：化学工业出版社，2017.

[14] 刘晓红，王瑜. 板式家具五金概述与应用实务[M]. 北京：中国轻工业出版社，2017.

[15] 牟跃. 家具创意设计[M]. 北京：知识产权出版社，2012.